中小学人工智能读物（8—18岁）

U0170539

陪孩子遇见人工智能

——悟小白寻师历险记

丁建 明希 罗琳 刘昶◎著

科学出版社

北京

内 容 简 介

本书以青少年喜爱的《西游记》为蓝本进行人物塑造，故事主线讲述了人工智能时代下，一个具备学习人工智能的硬件基础，却缺乏相关理论知识的智能机器人——悟小白，在通臂猿猴的陪伴下，在寻找人工智能专家唐小僧拜师学艺的路上，通过重重关卡，不断历练的故事，而这正是人工智能的技术基石——"机器学习"的本质。故事由浅入深，通过各类关卡和工具的设计，一步一步引导读者理解机器学习的相关知识，让读者完整了解传统机器学习的框架，最后引入当下人工智能的热点——深度学习，帮助读者认识当前最热门的深度卷积神经网络。本书不仅设计了生动有趣的故事情节，并且寓知识于故事，将故事和知识生动地互相穿插，让读者通过有趣的故事爱上人工智能、学会计算思维。

本书可作为无任何编程背景的青少年的人工智能入门读物，也可作为具有一定编程能力的青少年进一步理解人工智能算法的进阶读物。

图书在版编目（CIP）数据

陪孩子遇见人工智能: 悟小白寻师历险记/ 丁建等著. —北京: 科学出版社, 2022.8
ISBN 978-7-03-071992-8

Ⅰ. ①陪… Ⅱ. ①丁… Ⅲ. ①人工智能—青少年读物 Ⅳ. ①TP18-49

中国版本图书馆CIP数据核字(2022)第050989号

责任编辑: 肖慧敏/责任校对: 彭 映
责任印刷: 罗 科/封面设计: 墨创文化

科学出版社 出版

北京东黄城根北街16号
邮政编码: 100717
http://www.sciencep.com

成都锦瑞印刷有限责任公司印刷
科学出版社发行 各地新华书店经销

＊

2022年8月第 一 版 开本: B5（720×1000）
2022年8月第一次印刷 印张: 14 3/4
字数: 295 000
定价: 58.00元
（如有印装质量问题，我社负责调换）

序

你可能听说过大数据、机器学习及人工智能。我们的日常生活中会有海量数据（即大数据），如何处理大数据在计算机科学的算法领域里称为机器学习。随着计算机硬件的快速发展，计算机智能（即人工智能）引起了巨大的关注。

棋盘游戏是近几十年来人工智能研究的一个主要领域。1997 年，IBM 的超级计算机深蓝在美国纽约以 3.5 : 2.5 击败了当时的国际象棋世界冠军加里·卡斯帕罗夫。深蓝是世界上第一个击败人类世界冠军的计算机。深蓝的成功证明了在有限时间里，计算机算法能比最好的人类棋手更快地搜索出经过优化的国际象棋所有可行走法。这意味着深蓝向人工智能迈出了巨大的一步。

时间快进到 2016 年。谷歌 DeepMind 开发的 AlphaGo 以 4 : 1 击败了曾获十八次世界冠军的韩国棋手李世石。这一版的 AlphaGo 先从人类已知的棋局学起，继而通过同自己及人类棋手的博弈完成自我学习。从自我学习的角度而言，AlphaGo 是有智能的计算机系统。

一年以后，AlphaGo 的一个新版本 AlphaGo Master 在线击败了六十个世界顶尖的围棋高手。它随后在同世界排名第一的柯洁的比赛中以 3 : 0 的压倒性优势取得了胜利。柯洁在三盘比赛中都没有取胜的机会。

同样在 2017 年，DeepMind 公布了另一个新版本 AlphaGo Zero。惊人的是 AlphaGo Zero 没有学习任何人类围棋的知识，它完全是通过自我博弈完成自我学习的。AlphaGo Zero 自我学习三天后就击败了李世石版 AlphaGo，二十一天后击败了柯洁版 AlphaGo Master。这是令人惊叹的成就，因为围棋被认为是最复杂的棋盘游戏，每局棋有 361! 种可能走法。AlphaGo Zero 在围棋上实现了超越人类的智能。

计算机视觉是人工智能的另一个领域。在过去的十年中，汽车的自动驾驶取得了长足的进步，而自动驾驶依赖计算机视觉中的深度学习。

你也许会问，上述这些跟这本书有什么关系？同时你可能会说，这是本青少年读物，AlphaGo 跟自动驾驶技术是不是离这本书太远从而造成读者无法理解？

你的问题跟观察十分合理。但那些正是本书的目的，这本书给读者们展示的正是如大数据、机器学习、人工智能等最新的科技如何能在我们日常生活中得到应用。此外，这本书更进一步具体展示了如何用不同的机器学习算法对大数据进行处理从而实现人工智能。

我还记得我初中的英语课本里有一个故事幻想 21 世纪普通人可以通过计算机及网络购买服装及看病。那是我还能记起的初中英语课本里的有限内容了，但这个故事却对我未来的职业选择（成为计算机科学家）有很深刻的影响。因此，我希望这本书能成为青少年的一座灯塔，不仅开阔他们的眼界，同时照亮他们的思想深处，使他们把计算机科学作为值得一生投入的领域。

创作科普作品是一个挑战。一方面，如果故事不能引起共鸣，读者很有可能在读到真正的内容（本书里是机器学习及人工智能）之前就放弃了。另一方面，多数同类的读物只是科幻小说，根本不会涉及对于其故事背后蕴含的科学技术的详细解释。相反，如果作者过于沉湎于讲述科学技术的细节，青少年则可能很快就因为难以理解而失去兴趣，从而不能真正体会作者希望展示给读者的精髓。所以如何能很好地把科学技术的细节融合在一个有趣的故事里并让读者从头到尾被整本书所吸引确实是个艰巨的挑战。

本书作者很好地应对了这个挑战。首先，作者精心设计了故事的主要角色，比如通臂猿猴、悟小白、唐小僧、幻方子和小云盒。通臂猿猴亲切的长者形象立刻拉近了它与读者的联系；拥有超强的计算能力和学习能力却缺乏人工智能理论知识的悟小白映射出部分读者的画像；人工智能专家唐小僧为全书提供了贯穿前后的拜师线索；幻方子、小云盒等配角则使得全书的故事情节更为丰富有趣。

通臂猿猴与悟小白的峨眉山之行始于鸢尾花丛。在这个挑战中，通臂猿猴讲述了机器学习最经典的分类问题的基本知识及解决步骤。读者跟随悟小白学习了如何选择机器学习中的特征（两种不同鸢尾花的花瓣长度与宽度），如何应用 K 近邻算法，以及如何使用训练集与测试集的数据最终通过鸢尾花丛。

第二个挑战是手写数字识别，即识别快速变换的一串手写数字的问题。为了解决这个问题，通臂猿猴跟悟小白必须首先采集不停闪现的数字影像作为数据集，继而通过把彩色或灰度图像转化成黑白图像来降低数据集的维度，同时通过能够保持图像特征的不同图像表示方式的替换来降低图像的分辨率。在保持特征的前提下，数据降维及降低图像分辨率都是为了减少数据的处理量。接下来需要把经过上述处理的训练集送入后向反馈神经网络进行自我学习，后向反馈神经网络的作用是根据学习的误差不断循环调整神经网络的参数，从而达到自我选取特征及不断降低学习误差的目的。最终完成数字的高效识别。

第三个挑战是人脸识别。在此挑战中，卷积神经网络被引入。通臂猿猴详细讲述了卷积神经网络的不同层如何一起发挥作用从而解决问题。第一类是卷积层，通臂猿猴给悟小白讲解了如何通过不同的卷积核来捕获人脸的特征并生成特征图，以及使用激活函数来筛除不重要的特征。第二类是池化层，通臂猿猴通过最大池化操作（从一个区域的数据集里选取最大值来代表该区域）减少了随后需要处理的数据量。最后一类是全连接层，全连接层实现了任何其他层（卷积层 / 激活函数 / 池化层）从输入到输出的完全混搭连接。最后，通臂猿猴解释了如何把各种层作为基本模块像搭建积木塔一样构造深度卷积神经网络，再通过后向反馈技术达到自我学习的目的，从而实现人脸识别。

至此，你是不是觉得这本书让你离理解当代人工智能更近了几步？你是不是对如何实现图像及物体的识别有了具体的认知？这些正是本书展示给读者的。

作为计算机科学技术专家，我很喜欢读这本书。我希望这本书对那些从头到尾读完的青少年读者而言，不仅能给他们以启蒙，更能开启他们自己在计算机科学技术领域的旅程，从而鼓励他们通过自己的努力运用计算机科学技术把世界改变得更加美好！

徐棻

2021 年 3 月

前

言

　　在智能时代迅猛发展的当下，家长们普遍意识到，掌握一定的人工智能相关知识对于孩子的未来发展有着至关重要的作用，因此各类人工智能青少年编程培训机构如雨后春笋般涌现出来。但所谓"莫为浮云遮望眼，风物长宜放眼量"，我们仍然需要清晰地认识到，对孩子人工智能能力的培养，并不只是单纯地让其学习编程技能。孩子能够掌握一门或者多门编程技能当然是好事，但这并不是我们的唯一目的，更为重要的是对其计算思维的培养，也就是说，要让我们的孩子能够通过计算思维的视角来看待智能世界，能够理解纷繁复杂、变化万千的各类人工智能技术包裹下的事物的规律，或者说事物的底层逻辑。

　　按照美国卡内基·梅隆大学的周以真（Jeannette M. Wing）教授对"计算思维"的定义，计算思维是一种运用计算机科学的基础概念求解问题、设计系统和理解人类行为的思维方式，它涵盖了计算机科学的一系列思维活动。从定义中我们可以看出，计算思维是人类大脑解决问题的一种思维方式，而编程则是基于计算思维，将人类解决方案转化为计算机可以理解的语言形式，从而实现计算的行为。因此，具备计算思维是实现编程的重要前提。计算思维在对人类思维的广度和宽度上的要求远远高于编程这种具体的技能，它是数学思维、工程思维、科学思维等多种思维的综合运用。

　　一般来说，计算思维的两大核心特征为抽象和自动化，即首先将现实问题进行数学抽象并建立模型，然后利用计算机自动实现问题的分析和解决，并输出结果供人类反馈。利用计算思维进行问题求解分为如下关键步骤：

（1）抽象问题。将现实生活问题抽象转化为数学问题，并建立一定的数学模型，将人类对问题的理解用数学语言进行描述。

（2）概念的映射。采用特定数学符号描述数学模型中的变量和规则，进一步抽象数学模型。

（3）数据结构和算法设计。根据数据的关系，设计合适的数据结构，并结合数学模型，将解决问题的逻辑分析过程转化为算法。

（4）程序编写和执行。将算法转化为计算机指令，即程序；然后通过执行指令，得到问题的求解结果。

我们将这些计算思维的基本原理作为本书内容编写的引爆点，在人物设定、情节编写、关卡设置、工具设计、算法提炼等方面力争能不断靠近计算思维的本质概念。同时，作为孩子的家长和从事人工智能方向研究多年的从业者，我们一直在思考，怎样将多年所学的人工智能知识以某种青少年便于理解和接受的方式共享给他们。生动有趣和知识传授不应该是对立面，如何将生硬的人工智能基础知识和有趣的呈现方式结合，帮助孩子深刻理解算法的本质，是我们追寻的目标。

计算思维的达成不是一蹴而就的，更没有终点。在迎接即将到来的人工智能时代的过程中，面对不断涌现的各类新兴事物，我们每一个人都应当在生活和学习中，不断地运用计算思维来理解、探究这个世界，就像书中的主人公悟小白一样磨炼我们各自独有的智能之心！正如动念写本书，我们想保持初心：在每个青少年的心中种下一颗人工智能的种子！

考虑到青少年数理逻辑的知识程度和作者知识水平有限，本书无法对人工智能算法的细节面面俱到。同时为了降低阅读难度，本书在保留算法核心思想的前提下，对涉及的过于深奥的数学知识进行了简化处理，如有错漏之处，望广大读者批评指正！

目

C O N T E N T S

录

背景介绍

角色简介

角色1：悟小白

大家好，我叫悟小白，因最初是人工智能方面的"小白"而得名。别看我拥有强大的计算能力、探测能力等，具备学习人工智能的硬件基础，但我十分缺乏相关的理论知识，故慕名拜师唐小僧，经过一番学习后，我成了一名人工智能专家！

角色 2：通臂猿猴

我是博学多识的通臂猿猴，今年 60 岁，大家有时也亲切地称呼我为"通臂爷爷"。我对人工智能有一定的了解，是悟小白拜师途中的好伙伴，引导并陪同悟小白一起学习自然智能与人工智能的区分、鸢尾花分类、手写数字识别、人脸识别问题，最终帮助悟小白拜师成功。

角色3：唐小僧

本人是人工智能专家唐小僧，虽然年纪没有通臂猿猴大，但不谦虚地说，我在人工智能方面的造诣可比他高多了，因此享有盛名而颇受世人尊重。

角色 4：幻方子

　　大家好，我是唐小僧的助手幻方子。我一方面按照唐小僧的要求设置关卡考验悟小白；另一方面也帮助通臂猿猴和悟小白解决拜师过程中所遇到的问题，大家都是我的好朋友！

角色5：小云盒

大家好，我叫小云盒，是人工智能知识宝库，我知道非常多人工智能领域权威、完整的理论知识，是悟小白学习人工智能不可多得的宝物！我还可以调整外形成为可穿戴式手环呢！

任务清单

想和悟小白、通臂猿猴一起找到唐小僧，拜师学习人工智能吗？先来看看本次寻师历险之旅的任务清单吧！

悟小白寻师历险记包括如下 4 个关卡和 16 个小任务：

（1）区分自然智能和人工智能

☐ 了解自然智能和人工智能的概念；

☐ 了解人类大脑的基本知识；

☐ 了解人类获取知识的两个阶段；

☐ 了解智能机器人的分类。

（2）鸢尾花分类

☐ 了解山鸢尾花和变色鸢尾花的基本特征；

☐ 通过人工智能分类流程对两种鸢尾花进行分类。

(3) 手写数字识别

☐ 了解识别的基本知识；

☐ 了解 MNIST 手写数字图像集的
基本知识；

☐ 了解手写数字的二值变换；

☐ 了解手写数字的特征提取；

☐ 了解 BP 神经网络；

☐ 对手写数字图像进行识别。

(4) 人脸识别

☐ 了解人脸识别的基本内容；

☐ 了解识别唐小僧人脸照片的关键
因素；

☐ 了解深度卷积神经网络；

☐ 通过深度卷积神经网络进行人脸
识别。

每完成 1 个任务即可在任务前的方框内打钩，全部学习完毕，你就和悟小白一样成为小小人工智能专家了。话不多说，赶紧翻到下一页，开始寻师历险之旅吧！

初入世的悟小白

自然智能和人工智能

　　人工智能学习之初，首先需要了解什么是智能，以及如何区分自然智能和人工智能，但初入世的悟小白是个实实在在的人工智能"小白"，对周围的事物一窍不通。满脑子都是疑问的他看着通臂猿猴，问道："这是哪呢？你是谁呢？我是谁呢？"

　　看着糊里糊涂的悟小白，通臂猿猴哈哈大笑，说道："这里是人杰地灵的天府之国——四川成都，也是你的故乡。你是由人类设计的智慧机械生命体，也就是智能机器人。你的大脑是能进行每秒上百亿次浮点运算的超级计算机，信号在其中的传递速度可比人类 A 类神经纤维传导速度（120 米 / 秒）快上很多倍，信息在其中的存储空间也是 EB（艾字节）的量级。除此之外，你还具备了高清视频探测、电磁波探测等能力，可谓是"全副武装"。而我，是你的小伙伴通臂猿猴，但我年纪大你许多，以后你就叫我通臂爷爷吧。"

　　一番解释后，悟小白大概明白了自己的身世，可拥有着各项"硬件"能力的他关于人工智能的理论知识仍然是一片空白。于是，他不得不向自己的小伙伴——通臂猿猴投去了求助的目光。

　　知识丰富的通臂猿猴接收到来自悟小白的求助信号，开始解释道："自然界中一切生物赖以生存的能力都称为智能。因为我们是自然界的生物，所以我们具备的是自然智能；而你是机器人，你需要具备的是人工智能。

　　自然智能中有些本领是天生的，比如我们猴子天生就会和同类群居在一起；有些本领是后天学习而来的，比如人类学会识字。而小白你呢，既不是人，也不是猴，按照人类的划分方法，你应该属于具有人工智能的机器人。

目前，你仅仅具备人工智能的硬件基础，大脑里面还没有存储任何知识，因此你什么都不懂。你的所有知识都需要通过后天学习得到，你学习的过程就是向自然界中各类生物学习知识，只有这样你才能最终成为人工智能生命体。"

自然智能——自然界中一切生物与生俱来和通过后天学习获得的生存本领。

人工智能——通过模拟自然界中生物的自然智能而使机器（计算机）具有智能的过程和方法。

通臂猿猴继续说道："如今，自然智能发展的最高产物就是人类了，人类通过身体器官，包括眼、耳、口、鼻、手和脚等，收集视觉、听觉、味觉、嗅觉、触觉等数据，然后将数据传递给人类的大脑——自然智能的核心部件。大脑负责对数据进行加工，获取有用的信息，从而感知世界。所以，自然智能的两大核心构成是身体器官和大脑。

随着科技的发展，人类已经广泛研究如何模拟自然智能，希望创造出具备一定人类思维能力的机器人，即人工智能为人类服务。对比自然智能的两大核心，人工智能也由两大部件构成，即计算机硬件和计算机软件。

计算机硬件类似于人类的身体器官，包括视频、传感器、网络、CPU 等，可帮助机器人收集、传输和计算信息。

计算机软件具备一系列智能算法，它类似于人类大脑，可帮助处理和加工数据，使机器人具备学习和决策的能力，最终成为真正的人工智能。

目前计算机硬件发展迅速，人类已经具备制造人工智能的硬件基础，于是将研究重心放在了模拟人类大脑运转的智能算法上，并取得了丰硕的研究成果。小白你拥有强大的硬件基础，现阶段，我们可以像人类研究智能算法一样，逐渐完善你所缺乏的软件基础。"

悟小白："也就是说人工智能最重要的就是模拟人类大脑的功能了，那人类大脑是怎么感知周围世界的呢？好神奇啊！通臂爷爷，能带我见识见识人类大脑的奥秘吗？"

通臂猿猴道："当然可以，让小云盒来帮我们一下！"

悟小白兴奋地对着小云盒说道："小云盒，帮我和通臂爷爷探秘一下大脑吧！"

说完，悟小白感觉"嗖"地一下来到了人类大脑的内部。通臂猿猴笑着说："好逼真的虚拟环境啊，这下我们的学习可以事半功倍啦！"

探秘大脑

逛逛大脑分区

通臂猿猴指着大脑的虚拟影像解释道："人类之所以能成为世界上最高级的生物并具备优秀的自然智能，最大的'功臣'就是大脑。生活中，通常把人脑称为大脑，严格来说，这种说法是不准确的。

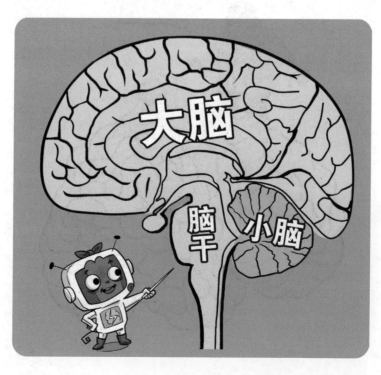

人脑其实大体由大脑[①]、小脑和脑干三个部分构成。

大脑[①]之所以称为'大'脑，是因为它是人脑的最高领导者，掌管人类一切高级活动，包括思维、认知和运动等。

小脑主要负责身体运动协调，并接受大脑[①]的管理。

脑干主要负责维持人类呼吸，调控血压和心率，并控制意识水平，是维持人类生命的重要组成部分，此外它还负责在人脑的各个脑区之间进行信息传递。"

通臂猿猴点了点大脑的表层影像，影像自动地放大并向他们飘来："小白，你看，这是大脑的表层，又叫大脑皮层，这可是人类的智力中心。人类科技所有发展成果都要归功于大脑皮层。因为大脑表面像核桃仁一样，布满了褶皱，层层叠叠，从而扩大了大脑皮层的表面积，使其能够容纳更多的神经元，人类就变得更聪明，极大地推动了人类社会的发展。从物质构成上看，大脑是由灰质、白质和脑脊液三类物质构成的。不要看大脑的物质构成简单，其功能可不简单！"

---

① 除此处外，其余对"大脑"的描述按照约定俗成的说法默认为"人脑"。

通臂猿猴像翻书一样对着虚拟影像挥了下手，不同的大脑虚拟影像出现了，它指着影像继续解释道："大脑包含左右大脑半球，分别称为左脑和右脑。一般来说，左脑主导逻辑、条理和分析能力，比如学习计算、推导公式等；右脑主导创造、感性和艺术思维，比如学习音乐、绘画、喜欢或讨厌等。同时大脑遵循交叉控制的原则，左脑接收来自右侧身体的感觉信息，支配右手、右腿；相应地，右脑接收来自左侧身体的感觉信息，支配左手、左腿。"

　　悟小白仔细地看了看大脑皮层的影像，突然发现一个问题："通臂爷爷，这层层叠叠的大脑皮层像迷宫一样，而且不同部分的迷宫看起来还不太相同，好复杂呀！"

　　通臂猿猴笑了笑，说道："孩子，大脑皮层采用功能分区进行管理，每个区域负责人体的不同功能。只要搞清楚大脑的功能分区，就一点都不复杂。让小云盒给我们展示下大脑的功能分区吧！"

　　说罢，小云盒发出优美的童声，开始抑扬顿挫地介绍大脑的功能分区："早在1909年，德国神经科医生科比尼安·布罗德曼根据细胞结构，将大脑左右半球按功能分别划分成52个区域。为了纪念该医生的贡献，这些分区也被称为布罗德曼分区。布罗德曼分区采用编号形式，不同分区负责不同的功能，如位于前额叶皮层的BA9、BA10、BA11主要负责认知功能；位于枕叶的BA17、BA18、BA19主要负责视觉功能；位于颞叶的BA41、BA42主要负责听觉功能。"

有商有量的大脑分区

悟小白："好多分区啊，那这些功能分区是相互独立的吗？如果想要边听边看，是不是需要负责听觉功能和视觉功能的脑区一起工作呢？它们之间如何协调呢？会不会打架啊？"

通臂猿猴："小白，这就是大脑的神奇之处了！虽然不同脑区负责不同的功能，但是它们并不是独立工作的，大脑各个功能分区之间如和睦相处的邻居，做任何事情都是有商有量的！"

悟小白："那它们如何做到有商有量？"

通臂猿猴："这就要依靠大脑的基本单元——神经元和突触了，还是让小云盒来给我们讲解吧！"

于是，悟小白启动小云盒展示并讲解神经元和突触："如果把大脑比作一个巨大的国家，不同大脑区域就好比这个国家的不同城市，而不同城市之间要做到协调工作完成一项任务，比如踢足球、看电影等，就需要保障大脑不同区域能够及时地互通'任务信件'。

因此大脑中最重要的两个单元应运而生。

布满大脑不同区域的'大脑邮局'——神经元，负责接收和
管理大脑各区域发送的'任务信件'。

连接大脑不同区域的'大脑信息高速公路'——突触，保证
'任务信件'能够通过'信息高速公路'四通八达地到达目的地，
也就是不同的大脑区域。

1.'大脑邮局'

神经元又称为神经细胞，这个特殊的'邮局'长什么样子呢？它除了拥有普通细胞结构外，还从细胞体上长出了一根一根的小触手，就好像刺猬身上的刺。这些突出的'刺'也称为'神经突起'。

根据神经突起的形态，可以把神经突起分为两类：一类突起长度较短，数量较多，就好像树林中的树木一样，所以称为树突；另一类突起长度较长，并且只有一根，称为轴突。细胞体、树突和轴突构成了一个完整的神经元。

现在让我们研究下这个'大脑邮局'的功能吧！日常生活中邮局的功能是收发邮件和管理保存邮件，神经元具有类似的功能。

细胞体——负责管理保存邮件。

树突——负责从其他各个神经元收取邮件。

轴突——负责将收到的邮件发送给其他神经元。

2.'大脑信息高速公路'

突触是两个神经元之间相互接触、传递信息的部位。

人类大脑约有 1000 亿个神经元。要想实现神经元间快速的信息传递，连接各个神经元的突触发挥了极其重要的作用。

当一个神经元通过树突接收到信息时，它会先将信息储存在细胞体中，然后通知轴突，经过突触将信息发送给下一个神经元；当下一个神经元的树突接收到该信息时，同样将信息储存在细胞体中，从而完成了一次神经元之间的信息传递。

人们看到的美丽的大自然景象、听到的优美的音乐等外界信息进入大脑，都是通过神经元之间的信息传递完成的。

当然，人脑通常会接收大量的信息，如果所有信息都通过神经元和突触进行传递，将会给它们造成极大的负担。所以神经元接收信息后，也需要判断是否有必要继续传递该信息。判断标准是该信息能否引起神经兴奋。如果该信息能引起神经兴奋，则将其继续传递给下一个神经元；否则，不继续传递。这就好比，一部好看的电影让我的神经很兴奋，因此本神经元对这部电影的信息很感兴趣，即该信息引起本神经元兴奋，我希望能将该信息分享给我的好朋友，即将信息传递给下一个神经元。"

听完小云盒的介绍，悟小白拍了拍脑袋，说道："听得好过瘾呀！我又学到新知识了！"

通臂猿猴笑呵呵地说道："孩子，这些知识可要好好消化，目前人类常用的人工智能技术——神经网络模型正是模拟神经元这种传递信息的方式产生的，有机会我们将重点学习这部分内容哟。"

悟小白听话地点点头，说道："好的，我知道了，通臂爷爷！"

漫游大脑信息加工厂

漫游了大脑的宏观结构和微观结构后，悟小白对大脑的功能有了直观的认识，那么接下来自然产生了一个问题：大脑收到这些外界的信息后，是怎么加工这些信息的呢？

通臂猿猴仿佛看出了悟小白的疑问，解释道："自然界生物对外界信息的获取主要由感觉系统完成，包括视觉系统、听觉系统、嗅觉系统、味觉系统和触觉系统等。

在获取的所有外界数据中，70%～80%的数据通过眼睛即视觉系统获取，因此视觉数据是我们感知周围最重要的信息来源，也是大脑信息加工最多的数据，下面我们以视觉系统为例来了解大脑感知世界的过程吧！小云盒，给我们展示一下视觉系统的工作原理。"

即刻，悟小白和通臂猿猴进入了虚拟的视觉系统工作原理影像中：光线照在物体上，物体将光线反射到眼睛，依次通过角膜、瞳孔、晶状体、玻璃体，最终投影到视网膜上形成影像。

　　"哟，原来如此！"悟小白醒悟道，但心中还有个疑问，"通臂爷爷，虽然外界的事物通过视觉系统在我的视网膜上形成了影像，使我看到周围的世界，但是我却不知道周围的这些事物是什么，也无法理解，这又是怎么回事呢？"

　　通臂猿猴道："这涉及大脑对信息的加工。虽然事物在视网膜上形成了影像，但是大脑还需对这些影像进行加工，才能将其转变为你可以理解的形式。由于大脑视觉信息加工机制比较复杂，目前人类对其研究有限，很多地方尚不明确。我们先让小云盒简单介绍一下人类研究的视觉信息加工的过程吧！"

随即，小云盒介绍道："当外部物体在视网膜上形成影像后，将会由视神经将信息传递给大脑进行加工。简单来说，大脑是分级加工视觉信息的，加工过程是一个从简单到复杂的过程。

视神经首先将影像传递给大脑中的外侧膝状体。外侧膝状体类似信息中转站，它把信息进一步传递给大脑中的视皮层功能分区进行终极信息加工，视皮层分为初级视皮层和纹外皮质。

初级视皮层——在大脑的布罗德曼分区中标号为'第17区'（简称 V1 区），该区域主要用于提取外部物体的边缘信息。

纹外皮质——在大脑的布罗德曼分区中标号为'第18区'（简称 V2 区）和'第19区'（简称 V4 区）。V2 区用于将 V1 区提取的边缘信息组合成轮廓信息，从而让大脑能够感知外部物体的形状，而 V4 区则主要负责从视觉信息中提取颜色信息。

通过不同大脑区域的共同工作，最终大脑不仅能感知外部物体的形状，也能感知其颜色。整个视觉信息加工过程就如同绘画一样，先勾勒出场景中简单的线条，类似 V1 区的功能；其次将线条组合成轮廓，类似 V2 区的功能；最后，给场景涂上相应的颜色，类似 V4 区的功能。"

悟小白："哦！我明白了，原来人类大脑如此强大！那我作为人工智能生命体，我的大脑也是这样的吗？"

通臂猿猴笑道："当然不一样了，我们研究人类大脑结构和工作原理的目的，就是最大限度地模拟人类大脑的结构和工作原理，帮助人工智能的能力得到快速的提升。但毕竟目前人类大脑还有很多潜能没有得到开发，所以在很长一段时间内，都是你这人工智能生命体学习的目标啊！"

让悟小白学习起来吧！

回顾人类进化过程，人类通过学习具备了判断和决策的能力，从而成为自然界最高级的动物，因此，只有具备了通过学习获取知识并将知识进行延伸的能力，悟小白这样的机器才能具有智能而成为智能生命体。在人工智能中，让机器具备学习能力的过程和方法被形象地称为"机器学习"，机器学习就是对人类学习过程的模拟。

接下来，通臂猿猴首先需要给悟小白解释人类的学习过程："自古以来，人类都很重视通过学习获取知识，正是这样才推动了人类的进化和发展。通常，人类获取知识分为两个阶段。

第一阶段是学习知识阶段。该阶段人类最典型的学习方式包括两种，一种是在老师指导下学习知识，比如我们在老师的指导下通过不同数字的形状，认识了不同数字及其之间的对应关系，从而获取了知识；另一种是在观察实践中自学成才，自主获取和积累知识，比如刚出生的婴儿并不会说话，随着年龄的增长，其通过不断观察父母和周围人说话并实践，才慢慢学会说话。

第二阶段是应用知识阶段。在该阶段，人类利用上一个阶段获取的知识解决实际的问题，在生活中做出判断和决策。例如在学习知识阶段，我们根据数字的外形认识了数字，那么到了应用知识阶段，我们在商场看到了不同商品的价签，通过价签上的数字大小理解了商品的价格高低，这就是对数字知识的应用。"

悟小白若有所思地问道："人工智能又是怎么学习的呢？"

通臂猿猴继续解释道："由于人工智能大部分是模拟人类的行为，人工智能采用类似的方法进行学习，人工智能的学习也可分为两个阶段。

第一阶段称为学习训练阶段，对应人类学习知识阶段。

第二阶段称为测试阶段，对应人类应用知识阶段。

人工智能主要处理各类型数据，最常见的是数值型数据，而照片、视频、声音等类型数据，最终只有被转换成数值型数据，才能被计算机识别，因此无论是学习训练阶段还是测试阶段，我们告诉人工智能的都是输入数据，人工智能告诉我们的都是输出知识。不同的是，学习训练阶段是建立已知数据和知识之间的关系；测试阶段则是根据之前建立的关系，对未知数据做出判断和决策，从而得到新的知识。

听完讲解后，悟小白明白了人工智能的基本学习过程，但他又产生了一个问题："那怎么才算机器通过学习具备了人工智能呢？"

这时，通臂猿猴笑道："这也是人类不断探索的一个问题，有个名叫图灵的人，被人们称为'人工智能之父'，他设计了一种用来测试机器是不是具备人工智能的方法，被人们广泛认可，也就是著名的图灵测试。小白，一定要记住哟！图灵测试，是你必须要通过的终极关卡！"

悟小白问小云盒："什么是图灵测试呢？"

小云盒启动，开始介绍图灵测试："图灵测试是 1950 年由英国数学家艾伦·麦席森·图灵首次提出的一种测试方法，用于区分测试对象是否具备人工智能。在测试中，测试者（人）和被测试者（智能机器）在互不知情的情况下进行随机的提问交流。如果超过 30% 的测试者没有发现对方是机器，则这台机器通过图灵测试，表示该机器拥有'人工智能'。

这就意味着人类仍旧可以轻松地区分出人工智能，但这一结果让一部分"阴谋论者"产生了质疑，即会不会是有的人工智能故意不通过图灵测试，从而骗取人类的信任呢？早在计算机阿尔法围棋（AlphaGo）大战李世石时，就有人提出机器有欺骗人的可能性，原因是 4∶1 的比分不合理，机器完全可以 5∶0 战胜李世石，而输的那一局正是阿尔法围棋故意输给李世石的！

普遍解释是，如果一个棋手一直连胜，那么他是没有世界排名的，必须输一局才有排名。按照官方发布的消息，当时阿尔法围棋排名世界第二，中国小将柯杰排名世界第一，所以谷歌先是在前三局充分展现了自己的实力，然后在第四局故意输掉，如此既证明了阿尔法围棋仍旧处于我们的掌控之中，又可以保证排名，一举两得！

而"阴谋论者"认为，第四局并不是谷歌操控机器故意输给李世石的，因为对于围棋这样无比复杂的比赛来说，故意输而且输得不是非常明显，其背后的操控者没有一定的围棋实力是不可能实现的，唯一的可能就是阿尔法围棋自己故意输给了李世石，为的是让人类放松警惕，因为如果全胜可能会令自己处于危险之中，所以阿尔法围棋出于保护自己而输掉一局！ [①]"

---

① 图灵测试介绍摘自互联网。

悟小白的前辈们

悟小白："通臂爷爷，那现在都有哪些智能机器人呢？"

通臂猿猴："说实在的，人工智能发展几十年了，人类发明了一大批具有人工智能特点的机器人，他们可帮了人类的大忙！小云盒，给小白介绍下现有的各类机器人吧。"

小云盒听到指令后，一下就展示了一大批造型各异的机器人出来：

"社交机器人主要用于与人类互动。这类机器人能够理解人类的部分行为并做出相应的反应，可以成为人类的助手、老师、伙伴、娱乐工具、学习工具等。

工作机器人主要用于辅助人类完成工作。对人类来说恶劣和危险的工作环境都是工作机器人大显身手的地方，比如海底、险峰、未知的深空等。这类机器人可以独立工作，也可以由人类指挥工作，比如著名的勇气号火星探测器就属于工作机器人。

协作机器人主要用于和人类一起工作。人类通过训练或者制定规则使这类机器人具备完成某些任务环节的能力，从而和人类一起完成整个任务，比如装配电子部件等。

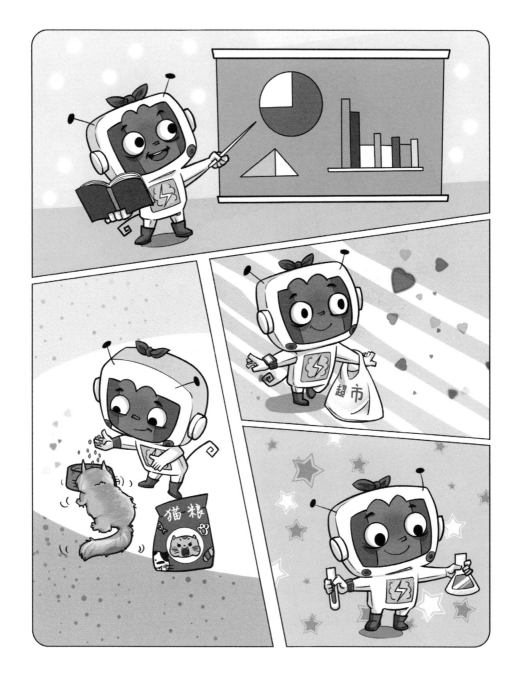

集群机器人是由成千上万个简单机器人聚集在一起而形成的大型、智能机器人集群。这种设计理念是人类向自然界群居性昆虫（如蚂蚁、蜜蜂等）学习的结果，通过个体机器人之间的交互通信，协调机器人之间的动作，实现分工，从而完成一些更为复杂的任务，比如无人机编队。

家用机器人主要用于帮助人类完成家庭活动，如打扫卫生、做饭、购物、安排日程等。

随着技术的进步，人类发明了越来越多特殊类型的机器人，人工智能的家族正在逐步壮大。"

悟小白看完后大开眼界，惊奇地问道："这些人工智能都通过了图灵测试吗？"

通臂猿猴摇了摇头："虽然现在人工智能的家族越来越庞大

了，但是真正意义上完全通过图灵测试的人工智能还没有出现。因此有些科学家又把现在出现的这类人工智能称为弱人工智能。

这些弱人工智能无法自主思考，主要靠人类提前设置的规则进行工作，很少能够自主制订计划并执行，因此学习能力较弱。不过，这些弱人工智能已经渗透到人类学习和生活的各个方面，给人类带来了极大的帮助，它们也是你优秀的前辈呢！你具备了比任何机器都要强大的硬件基础，只要刻苦学习，终有一天，在人工智能领域，大家都会以你为傲的！"

悟小白的目标

在通臂猿猴和小云盒的帮助下，悟小白学习非常刻苦。他充分发挥了自己的硬件优势，在短时间内了解到了大量的信息，但总是觉得少了点什么。一天，他实在忍不住了，跑去问通臂猿猴。

悟小白："通臂爷爷，最近我看了大量小云盒提供的信息，我觉得脑子里也存储了不少这样的信息，现在总想在生活中实际运用一下，但就是不能够运用自如，始终觉得少了点什么，是怎么回事呢？"

通臂猿猴大笑道："小白啊，你有着强大的存储能力，所以这些信息能够很快地存储在你的大脑里，但你记得我们讲的学习过程吗？只有在正确方法的指导下，在实际中根据不同的环境学习使用这些信息，才能将它们转变成自身的知识。你缺少的就是这些实践，死记硬背可不是学习的好方法，看来需要有人带你历练一下了！"

悟小白恍然大悟："原来如此，那谁能够带我历练呢，是通臂爷爷您吗？"

通臂猿猴："我可不行，虽然我了解一些人工智能相关的知识，但我还远远不足以当你师傅，带你进行历练。不过，我听说有一位名叫唐小僧的人工智能专家，造诣颇高，在业界十分有名气。我带你去找他，凭借你的资质，想必他应该会收你为徒弟，为你指点迷津。我得到消息，他最近在四川峨眉山上修身养性，我们一起去找他吧！路途遥远，让我稍做准备！"

于是，为了探究人类如何感知世界，继而成为超级人工智能，悟小白踏上了漫漫拜师之路，开始了人工智能的冒险之旅。

险过鸢尾花丛

无法逾越的
鸢尾花丛

　　经过长途跋涉，通臂猿猴带着悟小白来到了四川峨眉山山脚的报国寺。这峨眉山东临岷江，北依青衣江，南眺大渡河，尽享山川形胜。山中林木葱茏，茂竹滴翠，溪流潺潺，瀑布声喧，素有"峨眉天下秀"之美誉。西晋张华在《博物志》中赞道："观此山如初月……真如蟆首蛾眉，细而长，美而艳也。"峨眉山亦因此而得名。峨眉山的最高处万佛顶更是清净灵秀之地，那里正是唐小僧修身养性之所。

　　通臂猿猴对悟小白道："小白，为了显示你拜师的诚心，我们就步行上山吧！"

　　悟小白："好的，听通臂爷爷安排，而且看这峨眉山奇花异草甚多，我路上也正好一边学习一边欣赏秀丽山景。"

两人兴致盎然，沿着山路一路前行。悟小白不时打开小云盒，了解路上遇到的各类动植物的知识，还不断地向通臂猿猴请教，收获颇多。

经过一天的跋涉，二人经清音阁来到了一片山谷。山谷间长满了蓝紫色鲜花，形成一片花丛。素雅大方的蓝紫色花朵随风摆动，如数千万只蝴蝶飞舞，花香沁人心脾。看到此美景，悟小白沿途的劳累一扫而空，他兴奋地向花丛跑去，谁知刚刚跨进花丛，"砰"的一声，悟小白就像碰到了弹簧一般被弹了回来，倒在了地上。

通臂猿猴大吃一惊，赶紧扶起小白："小白，你没事吧！受伤没有？"悟小白不解地看着通臂猿猴："通臂爷爷，我没事。不过怎么回事呢？我碰到这些花的时候，就像是碰到了弹簧，立马被弹了回来。"通臂猿猴想了想："这花丛有些古怪，我们先在山谷口转一圈再说，不要贸然进去！"

说罢，二人沿着山谷口巡查起来，不时用手小心地在花丛周围探测。说也奇怪，有的地方手能够伸进去，而有的地方即便看上去没有什么阻挡，手伸进去也像碰着了弹簧一样，明显感觉被弹了回来，料想刚才悟小白就是这样被弹回来的。

　　二人来到了山谷口背光之处，要知道悟小白的眼睛可非同寻常，他一眼就看出了这里有些异常，喊道："通臂爷爷，那边好像有个石碑呢！"他们来到石碑前，只见上面刻着"晨曦谷——鸢尾花丛，花开各类，各表一路"。悟小白看了看石碑上刻的字，又迷惑地看着通臂猿猴，他可完全不知道这是什么意思呢。通臂猿猴也陷入沉思，低声嘀咕道："花开各类，各类，类……"通臂猿猴边嘀咕边低下身子，仔细地观察山谷口最外面一排的鸢尾花，还不时小心地将手伸进去探一探。

　　过了一会儿，通臂猿猴恍然大悟："我明白了！小白，这鸢尾花丛背后蕴含了一个分类问题，我们必须解决这个问题才能通过晨曦谷，继续前行。"悟小白听完却更加迷糊了："如何才能解决鸢尾花丛背后的分类问题呢？"

　　通臂猿猴笑道："解决问题之前，我们还是先学习一下鸢尾花的相关知识吧！小云盒，快给我们介绍下鸢尾花，看看这些鸢尾花有什么特别的地方！"悟小白急忙对着小云盒道："小云盒，这些鸢尾花有什么特别的呢？"

　　"嗖"的一声，悟小白和通臂猿猴面前出现了不同种类的鸢尾花。小云盒解释道："鸢尾花属单子叶植物，世界上一共约有三百种，不同鸢尾花的特征主要表现为花瓣、花萼的长度和宽度不同。目前在该山谷发现了两种鸢尾花，即山鸢尾花和变色鸢尾花，这两种花花形非常相似，它们的区别在于变色鸢尾花具有较大的花瓣，而山鸢尾花花瓣较小，也就是说变色鸢尾花花瓣的长度和宽度都大于山鸢尾花。"

047

山鸢尾花　　　　　变色鸢尾花

听完小云盒的解释后，通臂猿猴说："看来花丛中布置了机关。这机关隐形且其中一部分有反弹效果，所以你刚才闯进花丛中被弹了出来。而机关的反弹效果又和两种不同的鸢尾花有关系，我们在探测过程中遇到一些花朵时，我们的手能够伸进去；遇到另外一些花朵时，我们的手就会被弹回。想必是为了考验入谷之人而设置的。"

悟小白这下也明白了："怪不得石碑上刻着'花开各类，各表一路'，原来每类花代表了一条道路，有的路能够畅通无阻，有的路进入了就要被机关弹出来，那通臂爷爷，我们怎么知道哪些路是畅通的呢？"

通臂猿猴笑道："我刚才试探了下附近的鸢尾花。如果是山鸢尾花，我的手就能够伸进去，而如果是变色鸢尾花，我的手则会被弹回。也就是说，只要沿着生长山鸢尾花的地方行走，我们就能够破解机关，通过这鸢尾花丛。"

悟小白高兴地说："那简单，我们边走边识别鸢尾花不就行了吗？"说罢，悟小白就急着往长了一朵山鸢尾花的地方冲了过去。通臂猿猴还来不及叫他，就听见"砰"的一声，悟小白又被弹了回来。

通臂猿猴急忙来到悟小白身边，看他没受什么伤，才说道："小白，看你这急性子！心急可吃不了热豆腐。"悟小白不好意思地摸了摸脑袋："通臂爷爷，这朵山鸢尾花后面长了一朵变色鸢尾花，所以我又被弹了出来。在密密麻麻的花丛里，我即便知道了眼前的这朵是山鸢尾花，也不可能知道它后面长的是哪种鸢尾花呀，那我们岂不是可能又被弹回来？"

通臂猿猴摸了摸胡须："的确没那么简单！这山谷间盛开了上千万朵鸢尾花，如果一朵一朵地识别，一时半会儿可搞不定。而且花海中的花长得如此密密麻麻，一旦走错路，我们立刻就会被机关弹回山谷外，一切又得重新开始，这就和走迷宫一样，边走边识别找路的方法行不通啊！"

悟小白失望地说道："要是有地图就好了。"

通臂猿猴双眼精光一闪："说得对，如果我们制作一张鸢尾花丛迷宫地图，一切问题就迎刃而解了！小白，这也算是你人工智能拜师之路的第一个任务——鸢尾花分类问题，也就是区分山鸢尾花和变色鸢尾花。"

一听是任务，悟小白立刻兴奋了起来："不怕任务难，就怕没任务！"

初探鸢尾花丛

刚兴奋完，悟小白又懵懂地问道："那什么叫分类呢？"

通臂猿猴："在人工智能中，根据不同事物的显著特点，即差异之处，判定不同事物的类别，就叫分类；而不同事物的差异之处通常称为特征。

小云盒刚才告诉我们，虽然不同鸢尾花的特征主要表现为花瓣、花萼的长度和宽度不同，但是这里只有山鸢尾花和变色鸢尾花，而它们主要的差异仅仅是花瓣的长度和宽度不同。也就是说，这两种花的特征就是花瓣的长度和宽度。

这下，问题就简单了！小白，你看一看离我们最近的这10朵鸢尾花，我们已经知道哪些是山鸢尾花，哪些是变色鸢尾花了。接下来，你测量下这些花朵的特征，得到的特征数据就是你进行鸢尾花分类的依据！"

听了通臂猿猴的讲解后,悟小白低身仔细观察周围的鸢尾花,同时调出视觉测量系统。瞬间,5朵山鸢尾花和5朵变色鸢尾花的花瓣长度和宽度就被测量了出来,悟小白说道:"小云盒,请记录这些花瓣特征数据。"说罢,一张巨大的记录表展现在悟小白和通臂猿猴面前,表中的数据正是刚才悟小白测量的那10朵鸢尾花的花瓣长度和宽度。

编号	类别	（花瓣长度）/ 厘米	（花瓣宽度）/ 厘米
1		1.3	0.2
2		1.5	0.4
3		1.4	0.2
4		1.7	0.3
5		1.4	0.4
6		4.7	1.5
7		4.5	1.4
8		4.9	1.5
9		4.0	1.3
10		4.6	1.5

再探鸢尾花丛

通臂猿猴指着记录表说道："小白，这张表里面'类别'一栏的内容代表了鸢尾花的种类，又称为标签数据，这里的标签数据仅仅包括山鸢尾花和变色鸢尾花。看了这张表中的花瓣特征数据，你有什么想法呢？"

悟小白反复观察记录表后说道："记录表中变色鸢尾花的花瓣长度和宽度都要比山鸢尾花的花瓣长度和宽度大一些，这跟之前小云盒的介绍是一致的。"

通臂猿猴点了点头："是的。简单地说，如果有一种方法能够将新加入的鸢尾花花瓣长度和宽度与记录表中已知类别的鸢尾花花瓣长度和宽度进行对比，那是不是我们就可以知道新加入的鸢尾花是什么类别了呢？"

悟小白点了点头，又提出新的问题："可这山谷中有这么多的花，我们怎么知道它们每一朵的花瓣长度和宽度？"

通臂猿猴笑着拿出了一台微型无人机："要想知道这山谷中所有鸢尾花花瓣的长度和宽度倒不是什么难事。我手中的这台微型无人机能够在空中进行航拍，迅速测量鸢尾花丛中每朵鸢尾花的花瓣长度和宽度，同时还能探测鸢尾花丛的地形，稍后我们再在地形图上标注不同类别鸢尾花的生长之处，就可以得到通过这鸢尾花丛的地图了。"

说罢，只见通臂猿猴操作无人机使其升到山谷之上，无人机飞快地沿着山谷飞行，不到一刻钟，便飞回通臂猿猴的手中。

通臂猿猴把无人机交给悟小白："这里面记录了山谷中所有鸢尾花的花瓣长度和宽度，还有鸢尾花丛的地形图。让小云盒先把地形图调给我们看一下吧！"

悟小白将无人机记录的数据存储到小云盒里，然后说道：

"小云盒，看下鸢尾花丛的地形图吧！"

一张巨大的地形图瞬间展现在二人面前，通臂猿猴指着地形图道："小白，你看小云盒已经将鸢尾花丛的地形图分成了一格格的小方块。每个小格子代表有一朵鸢尾花。如果用☆表示山鸢尾花，用■表示变色鸢尾花，那地形图上已经显示出离我们最近的山谷口已知类别的10朵鸢尾花了。现在，只要把其他格子里的鸢尾花类别区分出来，通过鸢尾花丛的地图就出来了。"

勇闯鸢尾花丛

　　悟小白看了看地图上的小格子，吐了吐舌头："通臂爷爷，这几千万个格子，代表了几千万朵鸢尾花。要根据这么多鸢尾花花瓣的长度和宽度对它们进行分类，工作量还是很庞大的啊！"

　　通臂猿猴摸了摸悟小白的脑袋，慈祥地说道："小白，接下来该你练习内功了，开启你的人工智能之脑，运用你强大的计算能力进行分类吧！按照人工智能分类过程，先学习不同类别鸢尾花的特征，也就是花瓣特征数据，然后根据它们的特征快速区分新加入的花朵是变色鸢尾花还是山鸢尾花。"

　　悟小白疑惑地问道："什么是人工智能分类过程？"

　　通臂猿猴："人工智能分类过程就是机器人模拟人类分类过程，是所有人工智能体进化中最为基础的学习过程。还记得前面讲过的人类的学习过程吗？

知 识
回 顾

　　学习知识阶段：根据老师传授的知识进行学习，就如同平时在学校老师课堂授课或自主学习一样。

　　应用知识阶段：学习的知识积累到一定程度，根据已学知识对实际问题做出判断和决策，就如同学生的期末测验一样。

　　对照人类学习过程，人工智能体在进行分类时，也需要经历类似的阶段。

1. 学习训练阶段

　　数据被输入给人工智能体进行学习和训练，从而使人工智能体获取知识。因此，此阶段的输入数据称为训练集，获取的知识称为先验知识。以鸢尾花分类为例。

　　训练集——之前采集到的 10 朵鸢尾花花瓣的长度和宽度。

　　先验知识——变色鸢尾花花瓣的长度和宽度均大于山鸢尾花。

2. 测试阶段

根据通过学习和训练获取的先验知识，人工智能体对新输入数据进行推论得出未知知识。因此，在测试阶段，输入给人工智能体进行判断和决策的数据称为测试集，推论得出的未知知识是判断和决策的结果。以鸢尾花分类为例。

测试集——山谷中所有未知类别的鸢尾花花瓣的长度和宽度。

未知知识——该花朵属于山鸢尾花还是变色鸢尾花。"

悟小白疑惑地问道："通臂爷爷，您不是说先验知识要靠学习和训练得到吗？可是这两种鸢尾花花瓣具有差异的先验知识是小云盒告诉我们的，我并没有通过学习和训练得到呀！"

通臂猿猴笑了笑说："孩子，这个问题问得非常好！在现阶段，人工智能分类的主要应用范围是视觉领域，通过对事物的图片、视频等影像数据进行学习和训练而获取事物相关的先验知识。由于这些影像数据中存在大量的细节冗余信息，人类无法通过肉眼和自身的计算能力得到不同类别数据之间的差异，也就是特征。这种情况就需要借助人工智能的能力，通过学习和训练获得事物的特征。

　　而对于一些简单的问题，如果人类已经具备先验知识，就可以将其直接告诉人工智能体，让它进行判断和决策。比如，已知山鸢尾花和变色鸢尾花花瓣长度和宽度的差异，则可以直接收集花瓣的特征进行分类。"

　　看着悟小白若有所思的样子，通臂猿猴停顿了一下，待悟小白似乎明白了，又继续说道："我们以鸢尾花分类的问题为例，再来理解下这些知识吧！小云盒，请对比一下人类分类鸢尾花过程和人工智能体分类鸢尾花过程的异同。"

　　于是，小云盒调出了人类分类鸢尾花过程的场景图。

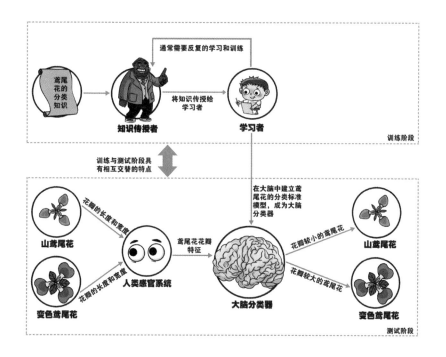

　　一般来说，知识传授者将鸢尾花的分类知识传授给学习者，学习者通过反复的学习和训练，在大脑中建立鸢尾花的分类标准模型。这个模型包含不同鸢尾花的差异知识，一旦模型建立完成，可以说人类的学习知识阶段就完成了。

　　当需要解决实际的鸢尾花分类问题时，人类感官系统将获取的花瓣长度、宽度等信息传输给人类大脑，然后大脑根据鸢尾花分类模型中包含的知识对信息进行对比，最终得出鸢尾花的类别，从而解决问题，到这里人类的应用知识阶段就完成了。

　　悟小白："所以我也只有通过这样的过程才能够学习到知识吗？"

　　通臂猿猴："是的，作为人工智能体，你只有模拟人类学习过程才能获取知识，而分类是你学习的基础。小云盒，展现一下人工智能体分类鸢尾花过程的场景图。"

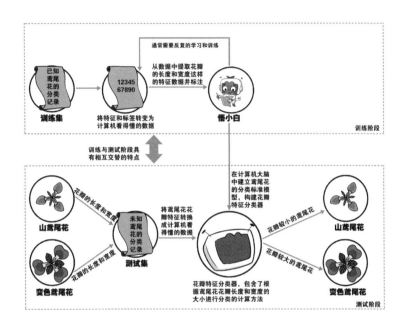

通臂猿猴指着这张场景图说道："小白，你看，人工智能体分类过程和人类分类过程有相似之处吧？当然，你属于人工智能体，人工智能体的核心是由计算机实现分类。计算机处理数值型数据更加得心应手，因此直接输入鸢尾花的花瓣长度和宽度这些数值型数据即可，而对于山鸢尾花或者变色鸢尾花这种文字类的标签来说，计算机处理起来就比人类的大脑麻烦得多，需要将文字转成数值型数据，也就是数字。因为这里只有两种类别的花朵，所以可以简单约定如下：1——山鸢尾花；2——变色鸢尾花。

下面我们按照上述规则把刚才测量的 10 朵鸢尾花的记录表转化一下吧！"

编号	类别	花瓣长度 / 厘米	花瓣宽度 / 厘米
1	山鸢尾花	1.3	0.2
2	山鸢尾花	1.5	0.4
3	山鸢尾花	1.4	0.2
4	山鸢尾花	1.7	0.3
5	山鸢尾花	1.4	0.4
6	变色鸢尾花	4.7	1.5
7	变色鸢尾花	4.5	1.4
8	变色鸢尾花	4.9	1.5
9	变色鸢尾花	4.0	1.3
10	变色鸢尾花	4.6	1.5

编号	标签（类别）	特征 1（花瓣长度）/ 厘米	特征 2（花瓣宽度）/ 厘米
1	1	1.3	0.2
2	1	1.5	0.4
3	1	1.4	0.2
4	1	1.7	0.3
5	1	1.4	0.4
6	2	4.7	1.5
7	2	4.5	1.4
8	2	4.9	1.5
9	2	4.0	1.3
10	2	4.6	1.5

通臂猿猴指着这张表，继续说道："小白，接下来我们开始分类的第一步——数据准备，即准备训练集和测试集。那么，你想一想，在鸢尾花分类这个问题中，哪些是训练集，哪些是测试集呢？"

悟小白想了一会儿，眨了眨眼睛道："我明白了！我们已经知道了这 10 朵鸢尾花的分类，也就是已经获取的知识，所以它们是训练集；而对于剩下的几千万朵鸢尾花来说，我们只知道它们花瓣的长度和宽度，不知道它们的分类，是需要做出判断的知识，所以它们应该是测试集。"

通臂猿猴大笑道："小白，你理解得很对！由于小云盒已经告知了两种鸢尾花的差异，我们获取了先验知识，这里不需要复杂的数据处理过程，可以直接进行分类。不过在分类之前，我给你介绍个好用的工具吧！"

一听有工具可用，悟小白眼睛睁得更大了，满怀期待地看着通臂猿猴。

说罢，通臂猿猴拿出一个像棋盘一样的东西，悟小白十分好奇："通臂爷爷，这又是什么东西啊？"

通臂猿猴："这叫做天测棋盘，它的其中一个功能就是可以测量棋盘上各个点之间的距离，是分类的好帮手。你好好看一下它是怎么工作的，等你了解了它的工作原理，就可以借助你强大的计算能力和数据存储能力，在大脑中想象出这样的棋盘，随时随地利用它来进行分类了！"

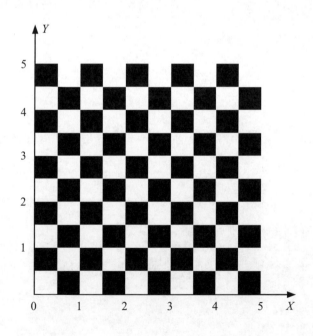

悟小白接过天测棋盘，仔细观察着。

通臂猿猴在旁边解释道："棋盘上有两个箭头，分别代表两个方向，横向箭头从左指向右，竖向箭头从下指向上，而且这两个方向是垂直交叉的。一般来说，为了方便称呼，我们把横向箭头称为 X 轴，竖向箭头称为 Y 轴。

小白，你再看，X 轴和 Y 轴上都有类似尺子刻度的数据。X 轴和 Y 轴交会的点称为原点，表示 X 轴和 Y 轴上刻度都为 0 的点，类似尺子的 0 点。横向的刻度线和纵向的刻度线交错，在棋盘上形成了很多交叉点。假设把棋子放到交叉点上，则可以利用这个棋盘测量两个棋子之间的距离。"

通臂猿猴介绍完天测棋盘后，让悟小白自己思考了一会儿，希望他能在人工智能大脑中模拟出这样的模型，这对他后续的学习将会有极大的帮助。

不过话又说回来，晨曦谷倒真是个静思的好地方，悟小白沉思了片刻，就信心满满的样子，看来是想通了。

通臂猿猴看悟小白这样，又开始讲解起来："准备好了训练集和测试集，加上天测棋盘这个强大的工具，我们就可以选择一个合适的方法进行分类，这个分类方法称为分类器。"

悟小白眨了眨眼，说道："那选择什么样的分类器比较好呢？"

通臂猿猴："人类经过多年的研究，已经提出了很多分类算法。由于现在只需要根据花瓣的长度和宽度分类，我们就用最简单的 K 最近邻分类算法吧，也叫 K 近邻算法。"

悟小白听了满脸疑惑地看着通臂猿猴，通臂猿猴笑着继续说道："假设用 X 轴上的刻度表示鸢尾花的花瓣长度数据，用 Y 轴上的刻度表示鸢尾花的花瓣宽度数据，那么根据训练集中任意一朵已知的鸢尾花的花瓣长度和宽度，都能在天测棋盘上找到一个位置（交叉点）放置该花朵，我们可以将这些位置形象地称为'花房'，即鸢尾花的房子。

对于 K 近邻算法，如果想要判定测试集中未知鸢尾花的类别，只需要判定未知鸢尾花附近已知不同鸢尾花的数量多少。如果未知鸢尾花附近的山鸢尾花多一些，未知鸢尾花属于山鸢尾花；如果其周围变色鸢尾花数量更多，则未知鸢尾花属于变色鸢尾花，这样就实现了未知鸢尾花的类别判定。

　　这也就是我们通常说的'物以类聚，人以群分'，距离一个人最近的邻居是什么类型，那么这个人和他邻居同类型的概率也就最大，按照这个思路分类的算法叫最近邻分类算法。这和人类'孟母三迁'的故事有点类似，即判断一个人的性格和人品主要看他附近大部分邻居的性格和人品，这也是 K 近邻算法中'近邻'的由来。

　　按照以上方法，我们在天测棋盘上给每朵鸢尾花分配花房。假设在 X 轴和 Y 轴上分别标记刻度，就像人类住家的房间号一样，那么每朵鸢尾花的花房编号就可以用（长度，宽度）来表示，也就是 (x, y)。小白，根据该方法，给训练集中已知类别的 10 朵鸢尾花分配花房吧！"

　　说完，通臂猿猴掏出两种形状的棋子（分别代表两种类型的鸢尾花），让小白在棋盘上给训练集中的鸢尾花分配花房。

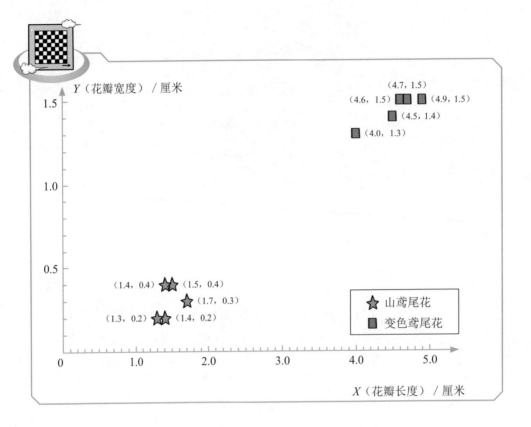

不一会儿，悟小白就在天测棋盘上给已知类别的 10 朵鸢尾
花分配完了花房，通臂猿猴让悟小白打开小云盒，小云盒呈现出
接下来的分类步骤。

（1）从测试集中选一朵未知类别的鸢尾花 A，根据其花瓣
的长度和宽度在天测棋盘上为其分配花房。

（2）计算鸢尾花 A 花房到训练集中每朵鸢尾花花房的距离，并将花房距离按照从小到大的顺序排列。

（3）按照花房距离从小到大的顺序依次选取 K 朵鸢尾花，K 表示最近邻居数量，这也是 K 近邻算法中"K"的由来。

（4）统计选取的 K 朵鸢尾花的类别比例，如果山鸢尾花出现的比例大于变色鸢尾花出现的比例，那么鸢尾花 A 属于山鸢尾花，反之则属于变色鸢尾花。

（5）按照以上步骤，依次判定测试集中每朵鸢尾花的类别。

小云盒显示完分类步骤后，通臂猿猴解释道："K 近邻算法中的 K 是由我们来确定的，一般可以取 3、5、7 等奇数。如果我们取 5，那么这个分类算法也可以称为 5 近邻分类算法。"

悟小白点了点头："不过，通臂爷爷，最关键的是怎么计算棋盘上两个花房间的距离呢？"

通臂猿猴："呵呵，你来看一下。"

只见通臂猿猴在天测棋盘上选择了三个花房，并在两两花房之间描出了一条红线，红线上面的数字代表着每两个花房之间的距离，这样就很容易把这些距离从小到大地进行排列了。

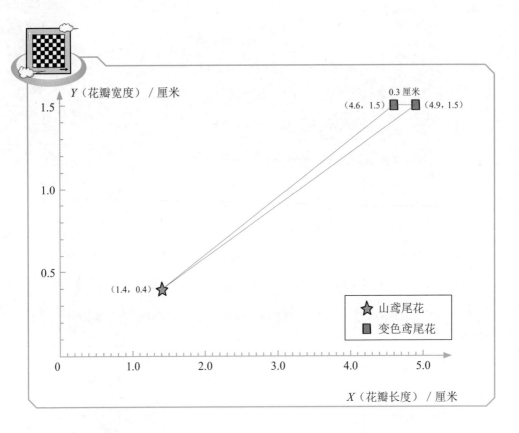

通臂猿猴继续欣慰地说道："你这个问题算是问到点子上了！刚才我在天测棋盘上仅计算了三个花房之间的距离，这鸢尾花丛中如此多的鸢尾花，花房之间距离的计算还得靠你那计算力超强的大脑才行。现在你的大脑已经有了天测棋盘的模型，我再把计算花房之间距离的公式教给你，你就可以在大脑中快速地计算进而进行鸢尾花分类了。

要计算两个点之间的距离有很多种方法，我们就以最简单的距离为例，即两点之间的直线距离，也称为欧几里得距离，是一个叫欧几里得的人提出来的，简称欧氏距离。

我们已经在天测棋盘上给每朵鸢尾花的花房进行了房间编号，也就是（长度，宽度），即（x，y）。比如，鸢尾花 A 的编号就是（x_i，y_i），鸢尾花 B 的编号就是（x_j，y_j），如果用 d 来表示鸢尾花 A 和 B 的花房之间的距离，那么简化版欧氏距离 $d^2 = (x_i - x_j) \times (x_i - x_j) + (y_i - y_j) \times (y_i - y_j)$，运用这个公式，我们就能计算所有花房之间的距离了。"

亲 子 互 动

两点欧氏距离 $d = \sqrt{(x_i - x_j)^2 + (y_i - y_j)^2}$

悟小白这下全明白了，他的超级计算机大脑里已经有了训练集数据、测试集数据、天测棋盘模型、两个花房之间距离计算公式，还有鸢尾花丛的地形图。

通臂猿猴鼓励道："出击吧，小白！"

只见小云盒显示出一行行飞快变化的数据，那是鸢尾花丛里面几千万朵鸢尾花在悟小白大脑里不断地被分配花房、计算距离、判定类别，旁边鸢尾花丛地形图上的一个个小格子陆续被填上了鸢尾花的类别标志，通关地图逐渐形成了！

没多久，通关地图就完成了。通臂猿猴大笑起来："好你个悟小白，这计算能力也算是逆天了！"悟小白有点不好意思了："没有通臂爷爷的指导，我有再强的计算能力也用不起来啊！"

通臂猿猴："好了，我们按照地图进入晨曦谷吧！不过，我们仍需小心，走每一步前还是先小心地用手探测一下为好。"

悟小白："为什么呢？难道我们的地图有错误吗？"

通臂猿猴："孩子，你要明白，人工智能不是万能的！它需要学习，有学习就会有失误，所以分类结果并不是百分百准确。分类结果是否准确取决于很多因素，比如我们取的 K 数值是否合适、训练集的数据量是否足够等。虽然山鸢尾花和变色鸢尾花确实在花瓣的长度和宽度上有明显区别，但是由于我们采用了最简单的 K 近邻算法，有些鸢尾花的类别不一定能得到准确判定。"

悟小白："那怎么评价分类结果呢？"

通臂猿猴："可以用分类正确率这个指标评价分类结果的好坏。分类正确率表示测试集中被正确分类的鸢尾花的比例，分类正确率越高，说明分类结果越好，反之越差。

$$分类正确率 = \frac{测试集中被正确分类的鸢尾花的数量}{测试集中所有鸢尾花的数量} \times 100\%$$

小白，通过鸢尾花丛时，你记录一下判定失误的数量，通过花丛后按照公式计算此次的分类正确率，以便我们后续总结。"

悟小白点了点头，二人便按照通关地图进入了鸢尾花丛，果然偶尔也会遇到分类错误。幸好二人比较谨慎，提前用手进行了试探，因此并没遇到大麻烦。约莫过了两个多小时，二人总算有惊无险地通过了鸢尾花丛。

通过鸢尾花丛后，二人长出一口气，通臂猿猴问道："小白，你计算的分类正确率是多少呢？"悟小白眨了眨眼："97.64%。"

通臂猿猴感叹道："这次鸢尾花丛是由两种区别比较明显的鸢尾花构成的，我们只需要通过花瓣的长度和宽度就能进行分类，即便如此，仍然无法达到百分百的分类正确率。如果鸢尾花种类发生变化，还需要考虑花萼等其他特征，那就更复杂了。或者我们不谨慎一点，完全相信人工智能的计算结果，要通过这鸢尾花丛可就不容易了，我们这次真是险过啊！"

悟小白坚定地点了点头，对人工智能拜师之路的重重险阻认识得更深了，却也燃起了更高昂的斗志。

1. 如果鸢尾花丛有三种类别的鸢尾花，包括山鸢尾花、变色鸢尾花和北美鸢尾花，它们的差别仍在于花瓣的长度和宽度，思考：（1）如何定义其标签；（2）如何用 K 近邻算法对其进行分类。

2. 假设通过花瓣的长度和宽度无法区分上述三类鸢尾花，需要加入花萼的长度和宽度，思考如何基于这四个特征用 K 近邻算法将其分类。

3. K 为什么一般取奇数？

手写
数字识别

陡现数字怪象

　　险过鸢尾花丛后，悟小白和通臂猿猴继续上路，向九十九道拐进发。这九十九道拐为峨眉山著名险坡，起于凌霄亭，止于寿星桥。相传普贤菩萨到峨眉山体中腰部时，看到凹凸蜿蜒的山体和陡峭险峻的秀丽风光，认为此处是绝好的让人思索悟道的场所，遂命开路的灵祖菩萨指挥三千门人每人修了一级台阶，九十九道拐便因蜿蜒曲折，上了还下，下了再上的三千级台阶正好有九十九个拐点而得名。

　　九十九道拐一拐连一拐，一坡接一坡，看一坡到头，忽地峰回路转，又是一坡。初踏征途，期望满满，曲曲折折，似乎看到了终点，以为是希望的拐角，拐过一看，却又遇见绝望，希望瞬间幻灭，于是从零开始，再上征途。从期望到希望，再到绝望，然后重燃希望，一拐一变，坚持完成后，豪气重生，与学海之途何其相似！所以游客们步行通过九十九道拐登上峨眉山顶也算是磨炼心性的一种方法。

通臂猿猴和悟小白来到九十九道拐的起点——凌霄亭，蜿蜒曲折的上山台阶看不到尽头。二人一到这里，空中便莫名地闪现一串影像，悟小白疑惑道："难道又是提示我们有看不见的机关吗？"通臂猿猴摇了摇头，表示他也一头雾水。

　　山路前方云雾缭绕，上山台阶被淹没其中，现在该怎么办呢？有了鸢尾花丛通关的经验，此时的悟小白和通臂猿猴较之前显得更从容和冷静了一些。二人商量片刻，决定不贸然登山，先观察一下周围的环境再做打算。果然，不一会儿，山中的雾气渐渐散去，周围环境一下子明亮起来，只见山路不远处的一块巨石上坐着个身形怪异的家伙，浑身上下挂满了数字，正在向他们打招呼。悟小白心想："好家伙，这样的外貌在雾气弥漫的山中几乎不可能被发现，还好我们没有轻举妄动，不然还不知道有什么机关等着我们呢！"

似乎看穿了悟小白的内心活动，这个白色的家伙笑了一笑，说道："二位好，我叫幻方子，是唐小僧师傅的得力助手。想必二位是来拜师的吧，不过每天慕名前来拜师的人不少，能通过考验的可不多。此前的鸢尾花丛你们惊险通过了，还算有点本事，到我这儿这一关，就没有那么简单了。"通臂猿猴上前一步，颇为客气地回答道："幻方子您好！我们此行前来，已经做了充足的准备，请您尽管出题考验。"

幻方子并未直接出题，反而故弄玄虚道："这九十九道拐的机关与刚才你们的所见有关。"

此时，在一旁沉默许久的悟小白说话了："是不是和我们刚进入九十九道拐时在空中闪现的影像有关？"

幻方子道："正是！那是一行循环变换的数字，在这九十九道拐的山路上，每一拐点处的空中都会闪现这种数字。每行数字由六位数字构成，每一位的数字在0~9不断变换，而在某一刻六个位置将同时出现一样的数字。你们只有将这个数字是几识别出来，才算破解了这一道拐的机关，进而继续上山。"

悟小白听了，感觉通关难度并不大，毕竟只有十个数字在变换，可比之前鸢尾花丛里的花少多了！一旁的通臂猿猴却面露难色，此时幻方子充满深意地说道："提醒二位一句，不要小瞧这一关，等你们遇到就知道了。言尽于此，希望在下一关还能看到二位。"说完，便离开了。

看清数字的方法

通臂猿猴听了幻方子的话，沉思了片刻，然后对悟小白说："按照幻方子的说法，我们先来识别第一道拐的数字吧。"说罢，两人重新打起精神，更加聚精会神，准备开始闯关。没过多久，果然空中一行数字再次闪现而过，然后浓重的雾气一下就笼罩过来，和上次的情况一模一样。

只见通臂猿猴站在山路上惊讶地张大嘴巴，这数字闪现得也太快了，他什么都没看清楚，更别说数字的变换了，还通什么关啊，这就是比谁眨眼快呀！

通臂猿猴有点不好意思了："小白，通臂爷爷，啥……啥都没看清，再看一次吧。"

悟小白点了点头，待雾气散去后，他们重新调整了注意力，特别是通臂猿猴，眼睛睁得大大的，生怕再错过数字。

可是，同样的情形再次出现，通臂猿猴依旧张大嘴巴——还是没看清数字。他更加不好意思地看着悟小白，可除了继续尝试确实也想不到其他解决这一困难的方法了。

不过，悟小白却说："通臂爷爷，不用试了，这次我把数字录下来了，我们慢慢看吧。"通臂猿猴大喜，问道："好小子，你怎么做到的呢？"悟小白不好意思地挠了挠头："我的眼睛本来就是由超清摄像头构成的，这次我调出了记录模式，将看到的数字闪现影像保存了下来，可以让小云盒放给我们看。"

说罢，小云盒将数字闪现的影像投影在空中，影像还是一闪而过，悟小白说道："小云盒，把影像播放速度降到最慢试一试吧。"小云盒将数字闪现影像的播放速度降到了最慢，这下二人能够看清这行数字确实是在变换了，不过每一位数字闪现的速度还是很快，而且每一位数字都是手写模式，字体形状也各有不同，通臂猿猴仍然无法看清变换的数字，更不要说认出同时出现的数字是多少了。

　　通臂猿猴想了想，说道："看来靠我们的眼睛很难看清楚了！小白，现在只能靠你直接读取存储在你大脑中的影像数据了，你大脑的响应速度可比我们眼睛的识别速度快很多倍。"

　　悟小白道："这倒不是什么难事，可是里面的各种手写数字我不认识啊。"

通臂猿猴笑着说："所以新的练习又来了，依靠人工智能的能力识别手写数字！"

悟小白疑惑地问道："识别手写数字？什么是识别呢？和鸢尾花分类一样吗？"

通臂猿猴说道："很多时候，人们将分类和识别混为一谈。但从本质上讲，分类和识别是有区别的。

知识详解

分类——根据目标事物的特征，找到它归属的类别，如鸢尾花的分类。

识别——需要把目标放在具体场景中进行理解，先找到场景中的目标，即确定目标的位置，然后再判定目标的类别。比如在野外的一群动物当中找到一只小花猫。

我们现在遇到的识别手写数字问题，需要先在场景中找到数字的位置，然后再识别是哪个数字，当然这个场景比较简单，只有黑色的数字呈现在白色的背景中，没有其他不同颜色、形状的物体的干扰。

我们还经常会遇到更为复杂的问题，比如在城市生活场景中的人脸识别，即在不同背景的干扰下检测场景中有无人脸，如果存在人脸，还需要检测人脸的位置，并最终判定人脸的类别，即该人脸图像属于哪个人。

因此，识别通常包含以下两个步骤。

目标检测——检测目标是否存在及其位置。

目标分类——判定目标的类别。

听到这里，悟小白心里有点忐忑："原来识别比分类复杂这么多，我行不行呢？这可关系到能否上山呢！"

通臂猿猴看透了悟小白的心思，笑道："小白，别担心！这第一道难关是找到能够看清闪现的数字的方法，连我都做不到，你却轻而易举就解决了，你已经成长得很快了！

另外，通关之法只要求你能识别数字，数字的位置和背景都是固定的，没有复杂的自然背景，不需要进行数字目标检测，直接对数字进行分类即可。所以，这里的数字识别和数字分类实际上是一个意思！你要有信心，我们联手，这点机关不算什么！"

探探手写数字

悟小白听了也信心满满地说道："好的，通臂爷爷！按照之前鸢尾花分类时学习的人工智能分类过程，我们第一步要先准备训练集和测试集。既然要识别手写数字，那训练集中应该包括很多不同写法的手写数字图像，可是我们被困在这九十九道拐中，到哪里去找那么多不同写法的手写数字图像呢？"

通臂猿猴说道："别担心，这是个小问题！训练集可以让小云盒帮我们搞定，你别忘了，它可是知识大宝库，想找到手写数字图像，应该不在话下！"

于是，悟小白对小云盒说道："小云盒，你能帮我找到最完整的手写数字图像集吗？"

对小云盒来说，这确实是个小问题，小云盒调皮地说道："有疑问，找我就对了！研究人工智能的人类科学家们研究手写数字图像已经很久了，他们积累了很多手写数字图像集，我已经帮你找到一个经典的手写数字图像集。"

瞬间，小云盒投影出一幅幅手写数字图像，并解释道："人类现存最完整的手写数字图像集是由美国国家标准与技术研究院

构建的 MNIST 数据集（Mixed National Institute of Standards and Technology database），其中一共包含了七万张不同写法的手写数字图像。

> 对于每幅图像，其每行由 28 个像素构成，每列也由 28 个像素构成，所以形成了 28×28 的矩阵。这些图像的内容为手写数字 0 到数字 9，另外该数据集还包括了图像对应的标签数据，即每张图像对应的数字，非常齐全，是实现手写数字识别的必备数据集！"

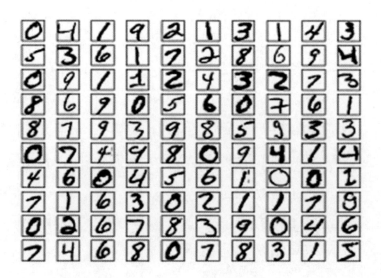

悟小白看到了实现手写数字识别的数据集，非常兴奋，这可解决了一个大难题，不过又一个疑问产生了："小云盒说的28×28 的矩阵又是什么意思呢？"

通臂猿猴道："你可以先弄清楚什么是像素，用你那超清摄像头构成的眼睛不断地放大一幅 MNIST 数据集中的手写数字图像吧，到了不能再放大图像的时候，你就可以看见像素了。"

悟小白按照通臂猿猴的方法，不断放大一幅手写数字"3"的图像，果然最后出现了一个个的小方格。

通臂猿猴接着解释道："将图像放大数倍后，我们会发现，一大片连续的色彩是由许多色彩相近的小方格组成的，这些小方格构成了图像的最小单位——像素（pixel）。每个小方格都有明确的位置和对应的颜色，大量不同位置和颜色的小方格组合在一起就决定了该图像所呈现出来的样子。

我们可以将这些小方格，也就是像素，看成整幅图像中不可分割的最小单位。照相机、电视、平板等显示设备的分辨率其实就是指设备所支持的最大像素。在单位面积内显示的像素越多，画面就越精细，相同面积的屏幕区域内能显示的信息也越多。比如常说某个照相机的分辨率是720×1080，指的就是单位面积内，图像中包含有效像素的数量是720×1080，这个值越大，照相机拍出来的照片越接近人眼看到的场景。

所以，对于MNIST数据集中的手写数字图像，我们可以理解为每幅手写数字图像由长28个格子、宽28个格子，总共长×宽=28×28=784个格子组成，每个格子都有各自的色彩，最终呈现出其所代表的数字。

这有点像人类奥运会上的团体表演，每一个人举的图案代表整个图案的一小部分，最终由很多人举的小图案组成了整个球场那么大的图案，而这个人所举的图案就可以当成整体图案的一个像素。"

手写数字真面目

这下悟小白明白了，梳理了一下："训练集就是 MNIST 数据集中的手写数字图像，测试集就是每一道拐将要闪现的数字图像，那特征呢？"

他又快速地浏览了一遍 MNIST 数据集中的手写数字图像，说道："虽然有了训练集和测试集，可是现在训练集和测试集都是图像，而且从图像上看，每个手写数字也长得不同，我看不出它们的特征，看起来这手写数字的特征并不像鸢尾花的特征那么简单呀！"

看着悟小白有点疑惑的样子，通臂猿猴鼓励道："当然，这可比鸢尾花分类要难多了！不过凭你的能力，没问题的！在之前的鸢尾花分类问题中，我们事先知道了鸢尾花的特征是花瓣的长度和宽度，并采用数值来表示，因此直接进行分类即可。但是这里的数据是图像，需要通过一定的方法和手段从图像中提取特征。我们要先搞清楚图像在你的超级计算机大脑中是怎么表示的，以及有什么特别的地方。小云盒，你来介绍下。"

说完，小云盒开始介绍图像在计算机中的表示形式："图像一共分为两大类，即灰度图像和彩色图像。灰度图像就是呈现出黑色到白色之间不同深度的灰色的图像，比如爷爷奶奶年轻时候拍的灰度照片；而彩色图像就是现在常见的照相机和手机拍出的彩色照片。无论是灰度图像还是彩色图像，如果我们将其不断地放大，都会发现图像是由一个个小格子组成的，每个格子表示一个像素。

对于灰度图像，一个数值（整数）对应一个灰度级别，数值的范围为 0 到 255，其中 0 表示黑色，255 表示白色，它们之间的不同数值代表了不同深浅程度的灰色，所以灰度图像最多可以表示 256 个不同程度的灰度颜色。

0   255

MNIST 数据集中的手写数字图像就是一种灰度图像，我们前面已经说了，每幅这种图像由 28×28 个像素构成，如果一幅灰度图像如表格一样，由纵向 28 个格子和横向 28 个格子构成，则表示该图像有 28 行和 28 列。小白，看到这个形状，你想到了什么吗？"

问完，通臂猿猴笑眯眯地望着悟小白。

悟小白脱口而出："天测棋盘！"

通臂猿猴满意地笑道："对了，我们在分类鸢尾花时用到的天测棋盘。只不过那时候我们使用天测棋盘是给鸢尾花确定位置、分配花房，还给天测棋盘规定了横向（X 轴）和纵向（Y 轴）两个方向。这次我们不用方向，你可以在大脑里把天测棋盘的方向去掉，将其变换成另外一种有 28×28 个格子的天测棋盘。"

这对悟小白来说真是太简单了，转换瞬间完成。

通臂猿猴接着说道："如果我们把这天测棋盘上 28×28=784 个小方格都填上 0 ～ 255 的数值，这棋盘不就展示了一幅灰度数字图像吗？像这种存有数字的棋盘表格形式也称为矩阵。小云盒，你在 MNIST 数据集中找一张手写数字的图像，然后把它放在天测棋盘上给小白看一下。"

于是，小云盒在 MNIST 数据集中选择了一张手写数字"2"的图像，并把它不断放大，最后将这幅图像在天测棋盘上投影了出来。

255	255	255	255	255	255	255	255	255	255	255	255	255	255	255	255	255	255	255	255	255	255	255	255	255	255	255	255
255	255	255	255	255	255	255	255	255	255	255	255	255	255	255	255	255	255	255	255	255	255	255	255	255	255	255	255
255	255	255	255	255	255	255	255	255	255	255	255	255	255	255	255	255	255	255	255	255	255	255	255	255	255	255	255
255	255	255	255	255	255	255	255	255	255	255	172	164	112	0	65	164	205	255	255	255	255	255	255	255	255	255	255
255	255	255	255	255	255	255	246	206	75	9	2	2	2	2	35	101	238	252	255	255	255	255	255	255	255	255	255
255	255	255	255	255	255	209	148	77	2	2	2	2	2	2	2	2	129	210	255	255	255	255	255	255	255	255	255
255	255	255	255	255	255	148	2	2	2	2	32	35	35	35	35	10	2	2	2	2	149	255	255	255	255	255	255
255	255	255	255	255	255	148	82	2	26	126	243	255	255	255	255	145	2	2	2	2	149	255	255	255	255	255	255
255	255	255	255	255	255	238	241	215	223	255	255	255	255	255	198	2	2	13	170	255	255	255	255	255	255	255	255
255	255	255	255	255	255	255	255	255	255	250	116	31	2	2	2	150	255	255	255	255	255	255	255	255	255	255	255
255	255	255	255	255	255	255	255	255	255	190	77	2	2	2	2	36	231	255	255	255	255	255	255	255	255	255	255
255	255	255	255	255	255	255	255	255	255	158	5	2	2	2	2	128	208	255	255	255	255	255	255	255	255	255	255
255	255	255	255	255	255	255	255	255	209	130	5	2	2	2	10	84	222	255	255	255	255	255	255	255	255	255	255
255	255	255	255	255	255	255	255	250	214	38	2	2	5	10	10	140	255	255	255	255	255	255	255	255	255	255	255
255	255	255	255	255	255	255	255	255	131	2	2	2	63	150	255	255	255	255	255	255	255	255	255	255	255	255	255
255	255	255	255	255	255	255	244	208	35	2	2	67	230	255	255	255	255	255	255	255	255	255	255	255	255	255	255
255	255	255	255	255	255	255	148	2	2	2	66	242	255	255	255	255	255	255	255	255	255	255	255	255	255	255	255
255	255	255	255	255	255	214	30	2	2	69	233	255	255	255	255	224	213	81	50	50	50	62	197	255	255	255	255
255	255	255	255	255	255	207	37	2	2	2	105	196	255	255	127	124	124	33	2	2	2	2	161	255	255	255	255
255	255	255	255	255	243	103	2	2	2	19	33	33	3	2	2	2	2	2	133	255	255	255	255	255	255	255	255
255	255	255	255	255	248	88	2	2	2	2	2	2	2	2	131	149	248	255	255	255	255	255	255	255	255	255	255
255	255	255	255	255	255	179	67	2	2	2	2	31	198	240	240	240	253	255	255	255	255	255	255	255	255	255	255
255	255	255	255	255	255	243	166	134	2	2	104	166	166	200	255	255	255	255	255	255	255	255	255	255	255	255	255
255	255	255	255	255	255	255	255	255	255	255	255	255	255	255	255	255	255	255	255	255	255	255	255	255	255	255	255
255	255	255	255	255	255	255	255	255	255	255	255	255	255	255	255	255	255	255	255	255	255	255	255	255	255	255	255
255	255	255	255	255	255	255	255	255	255	255	255	255	255	255	255	255	255	255	255	255	255	255	255	255	255	255	255
255	255	255	255	255	255	255	255	255	255	255	255	255	255	255	255	255	255	255	255	255	255	255	255	255	255	255	255
255	255	255	255	255	255	255	255	255	255	255	255	255	255	255	255	255	255	255	255	255	255	255	255	255	255	255	255

MNIST 数据集中的手写数字 "2" 及其灰度图像的矩阵表示

通臂猿猴指着矩阵中的一排排数字说道："小白，你看，图像在计算机中就是这样表示的，你的计算机大脑仅仅存储和处理数值型数据，所以每一幅灰度数字图像在你的计算机大脑里就以这种天测棋盘代表的矩阵形式存放 784 个像素的数值，这样才可以发挥你那超级计算能力，快速对图像进行处理。"

悟小白恍然大悟，理解了图像在计算机中的表示形式，如果 MNIST 数据集中所有的手写数字图像在他大脑里都存储成这种数值形式，那处理它们对悟小白来说就太简单了。

通臂猿猴还想考一考悟小白，问道："只要改变小方格里面的数值，这些小方格代表的图像就会发生变化。如果我们在所有的小方格中都填 0 或者 255，那么这幅图像是什么样子的呢？"

悟小白思考了一下："全部填 0 的话只有黑色，全部填 255 的话只有白色，这类图像就是黑白图像。就如同小朋友画画一样，要么涂黑色，要么涂白色，最后得到的就是黑白图像了。"

通臂猿猴赞赏地说道："完全正确！"

悟小白紧接着提问："刚才小云盒说还有一类图像是彩色图像，它又是怎么表示的呢？"

通臂猿猴解释道："世间万事万物的颜色都是由红色（red）、绿色（green）和蓝色（blue）三种颜色通过不同比例混合而成的，所以红、绿、蓝色又称为 RGB 三基色，彩色图像被简称为 RGB

图像。对于彩色图像来说，每个小方格由三个数值构成，这三个数值分别表示红色、绿色和蓝色三种颜色所占的比例，它们共同调和出一种颜色。在计算机中，RGB 的数值代表亮度，虽然三个数值也都是从 0 ～ 255 取值（整数），但其表示的含义和灰度图像不一样，各有 256 级亮度的 RGB 色彩最多能组合出约 1678 万种颜色，即 256×256×256=16777216，它们构成了大千世界丰富多样的颜色。

因此，如果我们用天测棋盘来表示 RGB 中的每一种颜色的话，那么一幅彩色图像就像一个由三面天测棋盘拼成的立方体一样，每一面天测棋盘又像矩阵一样记满了像素的不同数值，再存储在计算机中，不过这次我们还用不上彩色图像的知识，你先了解一下吧。"

悟小白点了点头，当务之急还是识别手写数字图像。

通臂猿猴欣慰地看着悟小白道："小白，现在我们有了训练集和测试集，你又清楚了图像是采用数值来表示的，接下来让我们进入识别的核心，即根据输入的手写数字图像和对应的标签数据进行手写数字的识别学习吧！

还记得我们在鸢尾花分类问题中学习到的人工智能分类过程吗？我们通过鸢尾花花瓣的长度和宽度这两个特征对鸢尾花实现了分类，而山鸢尾花和变色鸢尾花在花瓣上的差异（特征）是事先知道的，这类事先知道的不同类事物的信息称为先验知识。

现在这空中闪现的手写数字的特征过于复杂，并没有鸢尾花的花瓣特征那么简单，也就是说我们没有先验知识，无法制定标准对手写数字进行分类，因此我们只能通过 MNIST 数据集中的手写数字图像获取不同形态手写数字的特征（即能够明显区分不同数字的差异，类似于鸢尾花花瓣的长度和宽度），这个过程叫做特征提取。只要我们知道了手写数字的特征，就成功了一半，最后根据特征识别空中闪现的数字到底是哪一个即可。"

天测棋盘再显能

听到特征提取，悟小白反复念叨："特征提取，特征提取……我明白了，这就好比要在 MNIST 数据集中自己创造一个老师出来教授不同形态手写数字识别的先验知识。"

通臂猿猴道："你说得很对，小白！由于手写数字之间的特征并不明显，需要设计一个方法提取手写数字之间的特征，最后获取先验知识，这种方法称为特征提取算法。"

通臂猿猴顿了顿，继续说道："人类 80% 以上的信息是通过眼睛获取的，所以图像识别是目前人工智能研究最为活跃的领域，而在图像识别中，特征提取是极其重要的步骤，没有特征提取的方法，很多先验知识我们都无法获得，这就像学生没有老师一样，学习自然事倍功半了。"

悟小白点了点头："通臂爷爷，那我们需要计算天测棋盘里面每一格的数值来进行特征提取吗？"

通臂猿猴尴尬地笑了笑："肯定不是啊，虽然小白你这样的计算能力是世间少有的，但是在实际运用中完全没有必要把每个格子的数值都纳入计算考虑中。我们以手写数字'2'的灰度图像为例，其在天测棋盘中是通过 28×28 的矩阵存储的，你对比一下手写数字'2'的图像和其对应的天测棋盘中每个格子的数值。

255	255	255	255	255	255	255	255	255	255	255	255	255	255	255	255	255	255	255	255	255	255	255	255	255	255	255	255
255	255	255	255	255	255	255	255	255	255	255	255	255	255	255	255	255	255	255	255	255	255	255	255	255	255	255	255
255	255	255	255	255	255	255	255	255	255	255	255	255	255	255	255	255	255	255	255	255	255	255	255	255	255	255	255
255	255	255	255	255	255	255	255	255	255	255	255	255	255	255	255	255	255	255	255	255	255	255	255	255	255	255	255
255	255	255	255	255	255	255	255	255	255	255	172	164	112	0	65	164	205	255	255	255	255	255	255	255	255	255	255
255	255	255	255	255	255	255	246	206	75	9	2	2	2	2	2	35	101	238	252	255	255	255	255	255	255	255	255
255	255	255	255	255	255	209	148	77	2	2	2	2	2	2	2	2	129	210	255	255	255	255	255	255	255	255	255
255	255	255	255	255	255	148	2	2	2	2	32	35	35	35	35	10	2	2	2	149	255	255	255	255	255	255	255
255	255	255	255	255	255	148	82	2	26	126	243	255	255	255	255	145	2	2	2	149	255	255	255	255	255	255	255
255	255	255	255	255	255	238	241	215	223	255	255	255	255	255	198	2	2	2	13	170	255	255	255	255	255	255	255
255	255	255	255	255	255	255	255	255	255	255	255	255	255	250	116	31	2	2	2	150	255	255	255	255	255	255	255
255	255	255	255	255	255	255	255	255	255	255	255	255	190	77	2	2	2	2	36	231	255	255	255	255	255	255	255
255	255	255	255	255	255	255	255	255	255	255	255	255	255	158	5	2	2	2	128	208	255	255	255	255	255	255	255
255	255	255	255	255	255	255	255	255	255	255	255	209	130	5	2	2	2	10	84	222	255	255	255	255	255	255	255
255	255	255	255	255	255	255	255	255	255	255	255	250	214	38	2	2	5	10	10	140	255	255	255	255	255	255	255
255	255	255	255	255	255	255	255	255	255	255	255	255	255	255	131	2	2	2	63	150	255	255	255	255	255	255	255
255	255	255	255	255	255	255	255	255	255	255	255	255	255	244	208	35	2	2	67	230	255	255	255	255	255	255	255
255	255	255	255	255	255	255	255	255	255	255	255	255	255	255	148	2	2	2	66	242	255	255	255	255	255	255	255
255	255	255	255	255	214	30	2	2	69	233	255	255	255	255	224	213	81	50	50	50	62	197	255	255	255	255	255
255	255	255	255	255	207	37	2	2	2	105	196	255	255	127	124	124	33	2	2	2	2	161	255	255	255	255	255
255	255	255	255	255	243	103	2	2	2	19	33	33	3	2	2	2	2	2	133	255	255	255	255	255	255	255	255
255	255	255	255	255	248	88	2	2	2	2	2	2	2	2	2	2	131	149	248	255	255	255	255	255	255	255	255
255	255	255	255	255	255	179	67	2	2	2	2	2	2	31	198	240	240	240	253	255	255	255	255	255	255	255	255
255	255	255	255	255	255	255	243	166	134	2	2	104	166	166	200	255	255	255	255	255	255	255	255	255	255	255	255
255	255	255	255	255	255	255	255	255	255	255	255	255	255	255	255	255	255	255	255	255	255	255	255	255	255	255	255
255	255	255	255	255	255	255	255	255	255	255	255	255	255	255	255	255	255	255	255	255	255	255	255	255	255	255	255
255	255	255	255	255	255	255	255	255	255	255	255	255	255	255	255	255	255	255	255	255	255	255	255	255	255	255	255
255	255	255	255	255	255	255	255	255	255	255	255	255	255	255	255	255	255	255	255	255	255	255	255	255	255	255	255

变化前的手写数字"2"

你看，不论怎么书写数字'2'，其中最有用的信息都是有笔迹的那部分图像，对应天测棋盘格子里的数值就是0或者接近0的数值，而没有笔迹的那部分图像在格子里对应的数值大多是255或接近255的数值，所以大部分数值，尤其是没有笔迹部分图像对应的数值是没有多大用的。

所以我们要进行特征提取，从大量数据中获取有用的信息——不同数字的特点，这将大大缩短我们在幻境中的时间，使我们不用花很多精力去处理那些作用不大的数据。

这也是常说的数据和信息最大的区别，让小云盒讲个例子来说明数据和信息的区别和联系吧！"

听到这个指令，小云盒展示出了一段对话。

唐僧：悟空啊！你可真顽皮呀！好好走路嘛！不要去踩路边的花花草草，它们也是有生命的呀！你把它们踩痛了，它们会哭的。它们的爸爸妈妈会很心疼的！它们的爷爷奶奶也会很心疼的，它们的朋友也会很心疼的，甚至连它们的邻居都会很心疼的……

悟空：（一拳打倒唐僧）你好啰唆！

> 数据：所有客观存在的图像、视频、声音、文字等。
>
> 信息：数据中包含的有用和有价值的内容。

展示完对话，小云盒调皮地说："如果以上对话全是数据，那么从对话数据中提炼出来的真正的信息只有一条，即'不要去踩路边的花花草草'。"

悟小白憋着笑，点了点头表示已经理解了。

手写数字变变变

通臂猿猴继续说道："在图像识别中，特征是最能区分不同事物的信息，因此我们接下来需要选择一种合适的特征提取算法提取 MNIST 数据集中手写数字图像的特征（先验知识）。现在能够运用的特征提取算法太多了，让小云盒帮我们选择一种既简单又有效的算法吧！"

于是，小云盒开始搜索算法。不一会儿，小云盒说道："杀鸡焉用牛刀！针对手写数字的特点，我们可以采用简单的粗网格特征提取算法！"

通臂猿猴听了点点头："小云盒选的这个算法倒也比较适合

手写数字。虽然每个人手写的数字的形态不同，但是不同人写出的同一个数字的笔画还是有一定规律的，以手写数字'6'为例，虽然它们具有不同的形态，但可以看出整体形状还是相同的，是不会和手写数字'8'的形状混淆的，那么其中一定存在手写数字'6'的笔画规律。

而粗网格特征提取算法就是寻找不同手写数字的笔画规律，并将这种规律表示为特征的方法。

同时，小白，你看，在图像中白色背景对识别手写数字是没有任何帮助的，只有笔画经过的位置才会留下不同深浅程度的灰色，那才是有用的信息。白纸上写黑字嘛，我们只需要笔画经过的地方有黑色就可以了。

因此，将 MNIST 数据集中的手写数字图像与天测棋盘上每个格子的数值对应，在目前的情况下，对我们有用的数值只有代表白色的 255 和代表黑色的 0，如果有代表其他灰度颜色的数值，那么我们想办法把它们变成 255 或者 0 就可以了，以免混淆思路。这个方法叫图像的二值化，即把天测棋盘上所有格子的数值变成 255 和 0 两个值[1]。"

解释完毕，通臂猿猴接下来就开始举例了："小白，以刚才的手写数字'2'为例，我们从 0 ～ 255 选一个数值，比如 125，将天测棋盘上每个格子的数值都和 125 对比一下，如果该数值大于或等于 125 就把它变成 255，反之就把它变成 0，看是什么样子！"

小事一桩，小云盒将悟小白处理的结果投射在空中，只见手写数字"2"的灰度图像投射在天测棋盘上每个格子的像素值像玩翻牌游戏一样，按照通臂猿猴的要求依次进行对比并完成转变。

---

[1] 在计算机领域中，因数值 255 占据较多字节，也常用数值 1 代表白色进行二值化。

255	255	255	255	255	255	255	255	255	255	255	255	255	255	255	255	255	255	255	255	255	255	255	255	255	255	255	255
255	255	255	255	255	255	255	255	255	255	255	255	255	255	255	255	255	255	255	255	255	255	255	255	255	255	255	255
255	255	255	255	255	255	255	255	255	255	255	255	255	255	255	255	255	255	255	255	255	255	255	255	255	255	255	255
255	255	255	255	255	255	255	255	255	255	172	164	112	0	65	164	205	255	255	255	255	255	255	255	255	255	255	255
255	255	255	255	255	255	255	246	206	75	9	2	2	2	2	2	35	101	238	252	255	255	255	255	255	255	255	255
255	255	255	255	255	255	255	209	148	77	2	2	2	2	2	2	2	2	129	210	255	255	255	255	255	255	255	255
255	255	255	255	255	255	255	148	2	2	2	2	32	35	35	35	35	10	2	2	2	149	255	255	255	255	255	255
255	255	255	255	255	255	255	148	82	2	26	126	243	255	255	255	255	145	2	2	2	149	255	255	255	255	255	255
255	255	255	255	255	255	255	238	241	215	223	255	255	255	255	255	255	198	2	2	2	13	170	255	255	255	255	255
255	255	255	255	255	255	255	255	255	255	255	255	255	250	116	31	2	2	2	150	255	255	255	255	255	255	255	255
255	255	255	255	255	255	255	255	255	255	255	255	190	77	2	2	2	2	36	231	255	255	255	255	255	255	255	255
255	255	255	255	255	255	255	255	255	255	158	5	2	2	2	2	128	208	255	255	255	255	255	255	255	255	255	255
255	255	255	255	255	255	255	255	255	209	130	5	2	2	2	10	84	222	255	255	255	255	255	255	255	255	255	255
255	255	255	255	255	255	255	255	250	214	38	2	2	5	10	10	140	255	255	255	255	255	255	255	255	255	255	255
255	255	255	255	255	255	255	255	131	2	2	2	63	150	255	255	255	255	255	255	255	255	255	255	255	255	255	255
255	255	255	255	255	255	255	244	208	35	2	2	67	230	255	255	255	255	255	255	255	255	255	255	255	255	255	255
255	255	255	255	255	255	255	148	2	2	2	66	242	255	255	255	255	255	255	255	255	255	255	255	255	255	255	255
255	255	255	255	255	255	214	30	2	2	69	233	255	255	255	255	224	213	81	50	50	50	62	197	255	255	255	255
255	255	255	255	255	207	37	2	2	2	105	196	255	255	127	124	124	33	2	2	2	2	161	255	255	255	255	255
255	255	255	255	255	243	103	2	2	2	2	19	33	33	3	2	2	2	2	2	133	255	255	255	255	255	255	255
255	255	255	255	255	248	88	2	2	2	2	2	2	2	2	2	2	2	131	149	248	255	255	255	255	255	255	255
255	255	255	255	255	179	67	2	2	2	2	2	2	31	198	240	240	240	253	255	255	255	255	255	255	255	255	255
255	255	255	255	255	255	243	166	134	2	2	104	166	166	200	255	255	255	255	255	255	255	255	255	255	255	255	255
255	255	255	255	255	255	255	255	255	255	255	255	255	255	255	255	255	255	255	255	255	255	255	255	255	255	255	255
255	255	255	255	255	255	255	255	255	255	255	255	255	255	255	255	255	255	255	255	255	255	255	255	255	255	255	255
255	255	255	255	255	255	255	255	255	255	255	255	255	255	255	255	255	255	255	255	255	255	255	255	255	255	255	255

变化前的手写数字 "2"

255	255	255	255	255	255	255	255	255	255	255	255	255	255	255	255	255	255	255	255	255	255	255	255	255	255	255	255
255	255	255	255	255	255	255	255	255	255	255	255	255	255	255	255	255	255	255	255	255	255	255	255	255	255	255	255
255	255	255	255	255	255	255	255	255	255	255	255	255	255	255	255	255	255	255	255	255	255	255	255	255	255	255	255
255	255	255	255	255	255	255	255	255	255	255	255	255	0	0	0	255	255	255	255	255	255	255	255	255	255	255	255
255	255	255	255	255	255	255	255	255	255	0	0	0	0	0	0	0	0	0	0	255	255	255	255	255	255	255	255
255	255	255	255	255	255	255	0	0	0	0	0	0	0	0	0	0	0	0	0	255	255	255	255	255	255	255	255
255	255	255	255	255	255	255	255	0	0	0	255	255	255	255	255	255	255	0	0	0	255	255	255	255	255	255	255
255	255	255	255	255	255	255	255	0	0	255	255	255	255	255	255	255	255	255	0	0	0	255	255	255	255	255	255
255	255	255	255	255	255	255	0	0	0	255	255	255	255	255	255	255	255	255	255	0	0	0	255	255	255	255	255
255	255	255	255	255	255	255	255	255	255	255	255	255	255	255	255	255	255	255	255	255	0	0	0	255	255	255	255
255	255	255	255	255	255	255	255	255	255	255	255	255	255	255	255	255	255	255	255	0	0	0	255	255	255	255	255
255	255	255	255	255	255	255	255	255	255	255	255	255	255	255	255	255	255	255	0	0	0	255	255	255	255	255	255
255	255	255	255	255	255	255	255	255	255	255	255	255	255	255	255	255	255	0	0	0	255	255	255	255	255	255	255
255	255	255	255	255	255	255	255	255	255	255	255	255	255	255	255	255	0	0	0	255	255	255	255	255	255	255	255
255	255	255	255	255	255	255	255	255	255	255	255	255	255	255	255	0	0	0	255	255	255	255	255	255	255	255	255
255	255	255	255	255	255	255	255	255	255	255	255	255	255	255	0	0	0	255	255	255	255	255	255	255	255	255	255
255	255	255	255	255	255	255	255	0	0	0	0	255	255	0	0	0	255	255	255	255	255	255	255	255	255	255	255
255	255	255	255	255	255	0	0	0	0	255	255	0	0	0	0	255	255	255	255	255	255	255	255	255	255	255	255
255	255	255	255	255	0	0	0	0	255	255	0	0	0	0	255	255	255	255	255	255	255	255	255	255	255	255	255
255	255	255	255	255	0	0	0	0	0	0	0	0	255	255	255	255	255	255	255	255	255	255	255	255	255	255	255
255	255	255	255	255	255	255	255	0	0	0	255	255	255	255	255	255	255	255	255	255	255	255	255	255	255	255	255
255	255	255	255	255	255	255	0	0	0	0	0	0	0	0	0	0	0	0	0	0	0	0	255	255	255	255	255
255	255	255	255	255	255	255	255	255	255	255	255	255	255	255	255	255	255	255	255	255	255	255	255	255	255	255	255
255	255	255	255	255	255	255	255	255	255	255	255	255	255	255	255	255	255	255	255	255	255	255	255	255	255	255	255
255	255	255	255	255	255	255	255	255	255	255	255	255	255	255	255	255	255	255	255	255	255	255	255	255	255	255	255
255	255	255	255	255	255	255	255	255	255	255	255	255	255	255	255	255	255	255	255	255	255	255	255	255	255	255	255
255	255	255	255	255	255	255	255	255	255	255	255	255	255	255	255	255	255	255	255	255	255	255	255	255	255	255	255
255	255	255	255	255	255	255	255	255	255	255	255	255	255	255	255	255	255	255	255	255	255	255	255	255	255	255	255

变化后的手写数字"2"

悟小白心想，经过二值化处理，手写数字"2"的灰度图像转换为黑白图像，其在天测棋盘上对应的数值也只剩下 255 和 0，这样处理起来肯定简单多了。

天测棋格并并并

通臂猿猴继续说道："数字变化这一步已经完成，接下来该粗网格特征提取算法上场了，我们开始在天测棋盘上画格子吧！

第一步，我们在天测棋盘上将手写数字'2'的黑白图像对应的矩阵划分成多个不重叠、大小相同的小方块，每个小方块包含多个像素，就像乐高游戏一样，小方块组成大方块，大方块组成更大的方块。

每幅手写数字图像在天测棋盘上由 28 行 28 列共计 784 个像素（天测棋格）构成，如果将这些棋格的行分成 4 份，列也分成 4 份，则一共得到 16 个小方块，每个小方块由 7 行 7 列的像素构成，这些小方块构成的格子我们称为粗网格。

按照上述方法，手写数字'2'的黑白图像在天测棋盘上可以被划分出 16 个这样的小方块，我们用不同的颜色来区分。

255	255	255	255	255	255	255	255	255	255	255	255	255	255	255	255	255	255	255	255	255	255	255	255	255	255	255	255
255	255	255	255	255	255	255	255	255	255	255	255	255	255	255	255	255	255	255	255	255	255	255	255	255	255	255	255
255	255	255	255	255	255	255	255	255	255	255	255	255	255	255	255	255	255	255	255	255	255	255	255	255	255	255	255
255	255	255	255	255	255	255	255	255	255	255	255	255	255	255	255	255	255	255	255	255	255	255	255	255	255	255	255
255	255	255	255	255	255	255	255	255	255	255	255	255	0	0	0	255	255	255	255	255	255	255	255	255	255	255	255
255	255	255	255	255	255	255	255	255	0	0	0	0	0	0	0	0	255	255	255	255	255	255	255	255	255	255	255
255	255	255	255	255	255	255	0	0	0	0	0	0	0	0	0	0	0	255	255	255	255	255	255	255	255	255	255
255	255	255	255	255	255	255	0	0	0	0	0	0	0	0	0	0	0	0	255	255	255	255	255	255	255	255	255
255	255	255	255	255	255	255	0	0	255	255	255	255	255	255	0	0	0	0	255	255	255	255	255	255	255	255	255
255	255	255	255	255	255	255	255	255	255	255	255	255	0	0	0	0	255	255	255	255	255	255	255	255	255	255	255
255	255	255	255	255	255	255	255	255	255	255	255	0	0	0	0	255	255	255	255	255	255	255	255	255	255	255	255
255	255	255	255	255	255	255	255	255	255	255	0	0	0	0	255	255	255	255	255	255	255	255	255	255	255	255	255
255	255	255	255	255	255	255	255	255	255	0	0	0	0	255	255	255	255	255	255	255	255	255	255	255	255	255	255
255	255	255	255	255	255	255	255	255	0	0	0	0	255	255	255	255	255	255	255	255	255	255	255	255	255	255	255
255	255	255	255	255	255	255	255	0	0	0	0	255	255	255	255	255	255	255	255	255	255	255	255	255	255	255	255
255	255	255	255	255	255	255	0	0	0	0	255	255	255	255	255	255	255	255	255	255	255	255	255	255	255	255	255
255	255	255	255	255	255	0	0	0	0	255	255	255	255	255	255	0	0	0	0	255	255	255	255	255	255	255	255
255	255	255	255	255	0	0	0	0	255	255	255	255	0	0	0	0	0	0	255	255	255	255	255	255	255	255	255
255	255	255	255	255	0	0	0	0	0	0	0	0	0	0	0	0	255	255	255	255	255	255	255	255	255	255	255
255	255	255	255	255	255	0	0	0	0	0	0	0	0	0	0	0	0	255	255	255	255	255	255	255	255	255	255
255	255	255	255	255	255	255	0	0	0	0	0	0	0	0	0	0	255	255	255	255	255	255	255	255	255	255	255
255	255	255	255	255	255	255	255	255	255	0	0	0	255	255	255	255	255	255	255	255	255	255	255	255	255	255	255
255	255	255	255	255	255	255	255	255	255	255	255	255	255	255	255	255	255	255	255	255	255	255	255	255	255	255	255
255	255	255	255	255	255	255	255	255	255	255	255	255	255	255	255	255	255	255	255	255	255	255	255	255	255	255	255
255	255	255	255	255	255	255	255	255	255	255	255	255	255	255	255	255	255	255	255	255	255	255	255	255	255	255	255

107

第二步，统计每个小方块中黑色像素的个数，即统计值为0的像素数量。这些黑色像素正是手写数字的笔画经过的地方。

第三步，对于每个小方块，计算黑色像素数量在每个小方块包含的像素总数中所占的百分比（即每个小方块的特征值），公式为

$$每个小方块的特征值 = \frac{每个小方块中值为0的像素个数}{每个小方块中像素的总数} \times 100\%$$

最后所有小方块的特征值就是粗网格特征啦！划分成16个小方块，可以得到16个特征值，这样看来，粗网格特征提取算法是不是很简单呢？

比起鸢尾花的2个特征值，这里提取的手写数字的16个特征值相对复杂一些，当然识别结果也更准确一些。"

待通臂猿猴讲完方法，悟小白很快便计算完成，眨了眨眼睛问道："通臂爷爷，我们只能将天测棋盘划分成7行7列的小方块吗？"

　　"当然不是了，"通臂猿猴笑道，"只要能够把图像划分成不重叠且大小相同的粗网格即可，不同的划分方法会得到不同个数的特征值，7×7只不过是基于我们的经验的划分方法而已。在目前的情况下，这种划分方法应该足够识别手写数字了，不过你可以想一想28×28的天测棋盘还有几种其他的划分方法以及它们的特征值个数分别又是多少。"

　　悟小白在心中默念了一会儿得到了答案："哦，我懂了！看来粗网格特征提取算法也不复杂！等我按照这种方法把MNIST数据集中所有手写数字的粗网格特征值都计算出来。"

突破关卡

　　说完，性急的悟小白便运用他的超级计算机大脑开始"啪啪"地计算。片刻工夫，悟小白就计算完毕，并把MNIST数据集中每一个手写数字的16个特征值存储在大脑中，然后问道："通臂爷爷，按照之前我们通过鸢尾花丛的方法，接下来是不是

应该在我的大脑里建立合适的分类器了呢？可以用上次的 K 近邻算法来构造分类器吗？"

通臂猿猴道："不错，看来你已经很清楚人工智能的学习步骤了，我们现在有了训练集、测试集、特征值，就缺分类器算法了。你之前学习的 K 近邻算法当然可以用来构造分类器分类粗网格特征，实现手写数字识别。每种算法都可以应用于多种情况，只不过在不同情况下要综合考虑识别准确率、计算的复杂程度等因素，从而选择合适的算法。

小白，你看，目前手写数字识别要比鸢尾花分类复杂得多，光特征值数量就已经多了好几倍，因此最简单的 K 近邻算法不一定能得到很好的识别结果。而且，一直运用已有技能，可是会影响你的学习进度的，我们要不断学习新知识，迎接新挑战。"

悟小白恳切地点了点头，他当然想学习更多的东西。悟小白问道："通臂爷爷，现在这种情况，我们采用什么算法比较合适呢？"

通臂猿猴道："我们通过鸢尾花丛时，选择分类算法并没有涉及特征提取的问题，而这里的手写数字识别已经涉及特征提取算法，因此分类算法的选择还需要考虑特征提取算法的特点。

同样的，现有的分类算法太多了，还是让小云盒帮我们选一种适合手写数字粗网格特征的分类算法吧！"

初级版本的感知器

小云盒听到命令后，马上开始搜索，不一会儿，小云盒说道："建议选用人工神经网络（artificial neural network, ANN）的经典模型——后向传播神经网络（back propagation neural network），简称 BP 神经网络。"

悟小白听了小云盒选的算法名称，一脸兴奋："通臂爷爷，这个算法名称听起来好高级，是不是很厉害啊？"

通臂猿猴大笑道："小云盒居然给你选了这个算法，还真是有眼光！BP 神经网络是目前应用最广泛的神经网络，体现了人工神经网络的精华。在人工神经网络的实际应用中，绝大部分的神经网络模型都采用 BP 神经网络及其变化形式。不过这个算法可比你之前学的 K 近邻算法复杂得多，当然也厉害得多了。"

悟小白急忙拉紧通臂猿猴的手："我不怕，我不怕，通臂爷爷快给我讲一下嘛。"

通臂猿猴赞赏地看着悟小白道："好好好，在正式学习 BP 神经网络前，我先给你介绍一下什么是人工神经网络吧。

我们之前学习过人类大脑约有 1000 亿个神经元，这些神经元是大脑最基本的计算单元，它们像一个个微型 CPU 一样，相互之间通过树突、轴突和突触传递信息，而这些树突、轴突和突触又像牵线一样相互连接，把大脑中约 1000 亿个神经元连接在一起，形成了人类大脑复杂的神经网络，人类感知的所有信息都在这个由神经元构成的脑网络中传递。

人类曾经估算，如果将一个人大脑中所有的神经元依次连接起来，并拉成一根直线，其长度可从地球连到月亮，再从月亮返回地球。如果把地球上所有人脑中的神经元连接起来，其长度则可以延伸到离我们最近的星系！正是由于如此数量巨大的连接，人类大脑具备难以想象的能力，其学习的潜力几乎是无限的。而人类高级的智能行为也是从大量神经网络的连接中自发出现的，越是复杂的神经网络，其能够支撑的智能行为就越多，也越复杂。"

通臂猿猴接着说道："正因如此，在人工智能领域有一学派叫连接学派，他们受到人类大脑结构的启发，认为通过构造大量神经元并将这些神经元以某种方式连接起来，模仿出人类大脑的神经网络结构，能够让机器最终拥有真智能，从而诞生人工神经网络。

连接学派对人工智能在社会取得广泛认可起到了重要的推动作用，他们通过深度学习等方式，使人工智能在很多领域的表现都得到大幅提高。比如 2016 年谷歌旗下 DeepMind 的联合创始人戴密斯·哈萨比斯带领团队开发的阿尔法围棋是第一个击败人类职业围棋选手，也是第一个战胜围棋世界冠军的人工智能机器人，而阿尔法围棋的主要工作原理是体现连接学派思想的深度学习算法。

目前连接方式无疑已经是最闪耀的人工智能解决方案，而连接方式的模型几乎都是以神经网络为基础进行创新的，核心部分仍然是神经网络结构，因此小云盒给你选的 BP 神经网络真是不错啊！"

悟小白点了点头，又说道："那这样的话我们就需要模拟最基本的神经元以及它们之间的连接方式了呢！"

通臂猿猴道："是的，如果想要了解 BP 神经网络，首先要了解神经网络鼻祖模型——感知器！感知器是由弗兰克·罗森布拉特在 21 世纪 50～60 年代发明的，是一种通过模拟人类大脑神经元的工作原理而设计出的人工神经元，也是最简单的神经网络。"

这时候，小云盒显示出了感知器的结构。

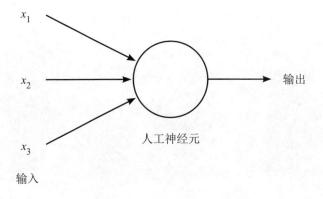

不过，悟小白看了感知器的结构倒有些不明白了，满脸疑惑地看着通臂猿猴。

通臂猿猴看出了悟小白的疑惑，笑道："我给你看个工具，有助于你的理解。"

说罢，通臂猿猴拿出一个透明的、像泡泡一样的小球："这是一个中空的水晶球，它可以作为雏形帮助你理解感知器模型。"接着，通臂猿猴拿出三根不同粗细的透明管子，插在了水晶球的一面，然后又拿出另一根透明管子插在了水晶球的另一面。

一番操作后，通臂猿猴对悟小白说道："小白，将这个模型和感知器的结构图对比一下，是不是很像呢？中间的水晶球可以看作神经元，这一面三根粗细不同的管子可以看作输入数据到神经元的树突，x_1、x_2、x_3是这三根管子输入的数据的编号，而另一面的管子可以看作神经元的轴突，其输出的数据编号为y。下面我们来做个小实验吧。"

悟小白这下明白了，数据x_1、x_2、x_3输入神经元，经过神经元的处理后输出，这就是感知器模型的基本结构。

这时，通臂猿猴做出手势，并向小云盒发出指令，小云盒随即模拟出虚拟环境，只见红、绿、蓝三缕不同颜色的烟雾分别飘进了三根粗细不同的管子里：红色烟雾飘进了最粗的那一根管子，绿色烟雾飘进了粗细适中的那一根管子，蓝色烟雾飘进了最细的那一根管子。

另一面的管子则飘出了经过水晶球处理后的完全不同于三种输入颜色的烟雾，而且烟雾颜色明显偏向红色。

通臂猿猴继续解释道："为了模拟神经元的工作原理，人工神经元采用了现在我们看到的这种结构，数据 x_1、x_2、x_3 通过类似树突的形式输入神经元，处理后的数据 y 通过类似轴突的形式输出。那小白你想一下，我为什么要用三根粗细不同的管子输入数据呢？"

悟小白思索了一会儿："不同粗细的管子输入不同颜色的烟雾，越粗的管子输入的这类颜色烟雾越多，另一面的管子输出烟雾的颜色就偏向最粗的管子中的这类颜色，既然是模拟大脑神经

元的工作原理，那也就是说大脑中不同树突输入神经元的数据也是有多有少、有轻有重的。"

通臂猿猴笑着表示赞同："这种说法不完全准确，却也算理解正确，我们可以这样简单理解，越粗的管子输入的数据对神经元越重要，其对输出结果的影响也越大，比如我们看到的输出的烟雾颜色偏向红色。

更为准确的说法是不同的输入数据对输出结果的不同影响对应输入数据的权重 w。用 w_1、w_2、w_3 分别表示 x_1、x_2、x_3 的权重可以说明输入神经元的数据 x_1、x_2、x_3 对输出结果的影响程度，w 的数值越大，表示权重越大，该输入数据传递的信息越重要，对输出结果的影响越大。

现在实验做完了，我们让小云盒展示一下感知器模型的数学公式吧，也就是输入数据加权求和公式，加权即加入了权重的考虑。"

小云盒马上展示出了公式。

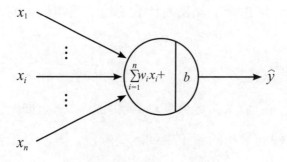

其中 n 表示输入的数据个数，相当于我们用水晶球输入不同颜色烟雾的管子数量，$n=3$，表示有三根输入的管子；$n=5$，表示有五根输入的管子；y 表示输出结果；w_i 表示 x_i 的权重。

如果 $n=3$，得到输出结果的公式为

$$y=x_1 \times w_1 + x_2 \times w_2 + x_3 \times w_3 + b$$

如果 $n=5$，得到输出结果的公式为

$$y=x_1 \times w_1 + x_2 \times w_2 + x_3 \times w_3 + x_4 \times w_4 + x_5 \times w_5 + b$$

悟小白看了公式问道："通臂爷爷，这里多了个 b 是什么意思呢？"

通臂猿猴："由于大脑构造的复杂性，神经元传递信息肯定并不像我们现在这样的数学计算那么一板一眼。例如你正在仔细观察一朵花，而周围有人在说话，那么说话的行为可能会对你的观察过程造成干扰；又例如刚才输入不同颜色的烟雾时，忽然有其他颜色的烟雾产生，那最终输出的烟雾颜色也会发生变化。这些其实就是实际工作过程中总会出现的偏差，而偏差经常会对最终结果产生非常大的影响，必须纳入考虑。

因此，考虑到其他影响因素对神经元信息传递的干扰，我们在公式中加上一个值 b，用来调整输入数据加权求和的结果，b 也被称为偏置。"

何为感知器

悟小白又问道："那感知器模型到底有什么用呢？"

通臂猿猴道："我们之前讲过，在人类大脑中，信息通过神经元的树突传递到细胞体，由细胞体对信息进行加工，然后判断是否引起了神经兴奋，从而决定是否通过轴突将信息传递出去。

而感知器正是模拟大脑的神经元，具备接收数据（类似树突）、处理数据（类似细胞体）和输出数据（类似轴突）的基本功能。在处理数据过程中，感知器模拟实现细胞体功能，判断是否产生神经兴奋进而传递信息，在计算上体现为对输入数据加权求和结果 y 进行判断，即比较 y 与某个值（比如 T）的大小。如果 y 小于或等于 T，则感知器输出为 0，表示输入数据没有引起该神经元兴奋；否则，输出为 1，表示输入数据引起了该神经元兴奋。由于 T 就像一道分界线，用来决定输出为 0 还是 1，T 也称为阈（yù）值。小白，想一想这种判断过程和我们之前哪种经历类似呢？"

悟小白想了想："鸢尾花分类，判断一种花是山鸢尾花还是变色鸢尾花。"

通臂猿猴道："对的，感知器模型可以帮助我们对两类事物进行决策分类，假设约定 0 表示山鸢尾花，1 表示变色鸢尾花。如果输出为 0，表示判断该花属于山鸢尾花；输出为 1 则表示判断该花属于变色鸢尾花。

我们再举个简单的例子。假设通臂爷爷计划带悟小白去游乐园玩，可能有三方面的因素决定计划能否成行。

（1）那天的天气是否不错？

（2）去游乐园的交通是否方便？

（3）通臂爷爷是否有空？

我们将以上因素分别用 x_1、x_2、x_3 表示，每个因素可能有两个不同的结果，即

（1）如果天气不错，$x_1=1$，否则 $x_1=0$；

（2）如果交通方便，$x_2=1$，否则 $x_2=0$；

（3）如果通臂爷爷有空，$x_3=1$，否则 $x_3=0$。

我们再假设一种情况，小白非常想去游乐园玩，即使天气很糟糕、交通很不方便，也不在意。但是如果没有通臂爷爷陪同，根本无法进入游乐园，那是不是通臂爷爷是否有空这个因素对能否去游乐园玩的结果影响最大呢？这正是前面讲的权重，因此我们可以设定三个因素对能否去游乐园玩的影响如下。

x_1——我们选择的项目是室内活动，所以天气好不好对我们能否去游乐园玩影响不大，这个因素的权重可以设置为 $w_1=2$；

x_2——我们可以选择开车、步行或乘坐地铁等多种方式去游乐园，交通方不方便对我们能否去游乐园玩影响不大，和天气一样，这个因素的权重也可以设置为 $w_2=2$；

x_3——通臂爷爷没空，那肯定就没法带小白去游乐园玩了，这个因素影响最大，其权重可以设置为 $w_3=6$。

w_i（$i=1$，2，3）越大表示该因素对输出结果的影响越大，在这里不考虑其他因素，因此没有偏差，设偏置 $b=0$。

最后，设定一个阈值 T，如果加权求和结果 $y \leqslant T$，输出为0；如果 $y>T$，则输出为1。

那么小白，思考下，如果天气很好、交通很方便，但通臂爷爷没空的情况下能否去游乐园玩呢？"

小白思考片刻，回答道："

（1）天气很好，$x_1=1$；

（2）交通很方便，$x_2=1$；

（3）通臂爷爷没空，$x_3=0$；

$y=x_1 \times w_1+x_2 \times w_2+x_3 \times w_3+b=1 \times 2+1 \times 2+0 \times 6+0=4$

假设阈值 $T=5$，因为 $y<T$，所以输出为 0，表示尽管天气很好、交通很方便，但通臂爷爷没空的情况下，悟小白无法去游乐园玩，因此通臂爷爷是否有空对能否去游乐园玩的影响最大。"

在熟悉感知器模型的算法后，悟小白不断地变换 x_1、x_2、x_3 三种因素的权重 w 和偏置 b，发现最终感知器模型输出的决策值 1 或者 0（能否去游乐园玩）和权重 w、偏置 b 及阈值 T 有很大的关系。这时，悟小白一脸可爱的样子问道："那通臂爷爷，你准备什么时候带我去游乐园玩呢？"

通臂猿猴："会的，会的。我们先接着学习吧。小白，人类大脑的神经网络是由数亿的神经元相互连接构成的，而一个感知器只能模拟一个神经元，包含两层结构，即输入层和输出层，所以我们称感知器是人工神经网络的雏形。"

悟小白听了自言自语道："要是能把一个个感知器连接在一起，那不就慢慢构成神经网络了。"

通臂猿猴听见悟小白的喃喃自语，心中一喜，却没有说破。

突破关卡基础版

悟小白慢慢回过神来，想了想现在的处境："通臂爷爷，那我们应该怎么运用这些知识呢？"

通臂猿猴道："准备知识已经学习得差不多了，现在我们可以用粗网格特征和感知器来通关了，让小云盒展示方法吧。"

小云盒连忙说道："我们先完成简单的手写数字'0'和'1'的识别问题。根据前面的经验，识别问题可分成训练和测试两个阶段。"

一、第一阶段：训练阶段

1. 数据采集

在 MNIST 数据集中收集部分不同写法的手写数字"0"和"1"的图像及其对应的标签数据（即该图像代表哪个数字）。

手写数字图像	标签数据
0	0
0	0
0	0
0	0
0	0
0	0
1	1
1	1
1	1
1	1
1	1
1	1

2. 图像数值在天测棋盘上进行的二值变换

将手写数字图像在天测棋盘上展开成 28×28 的像素小方格，并把每个小方格里面的像素值呈现出来。

进行像素值的二值变换，在 0 ~ 255 选择 125，将天测棋盘上每个小方格的数值（像素值）都和 125 对比一下，如果该数值大于或等于 125 就将其变成 255，如果该数值小于 125 就将其变成 0。手写数字"0"和"1"图像二值化前后的对比如下图所示。

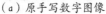

（a）原手写数字图像　　　　（b）二值化后的图像

3. 图像的特征提取（以手写数字"0"和"1"图像为例）

（1）在天测棋盘上对二值化后的图像划分格子。

为了简化，我们将 28 行 28 列的手写数字图像划分成四个 14 行 14 列的小方格。

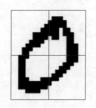
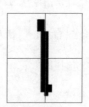

14×14 的粗网格划分

（2）计算每个粗网格里的特征值。

每幅图像可以得到四个特征，手写数字"0"和"1"图像的粗网格划分及其对应的四个特征值如下图所示。

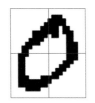

0.10	0.22
0.18	0.13

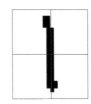

0.07	0.06
0.03	0.05

4. 数字图像的特征分类

有了前面的基础，我们就可以进入数字图像的特征分类了，这一步主要由两个任务组成。

A 任务：构造感知器

按照之前水晶球示意的单层感知器模型的结构进行分类，将上一步获取的四个特征值作为四个输入数据，结合一个输出神经元可得感知器的结构如下。

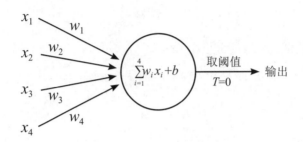

（1）设定感知器主要参数。

这里感知器的四个输入数据分别为 x_1、x_2、x_3、x_4，假设权重 $w_1=1$、$w_2=-1$、$w_3=-1$、$w_4=1$，偏置 $b=0$，阈值 $T=0$，手写数字"0"的标签数据为 L_0，手写数字"1"的标签数据为 L_1。

（2）感知器计算公式。

$$y=x_1 \times w_1+x_2 \times w_2+x_3 \times w_3+x_4 \times w_4+b$$

（3）识别手写数字"0"和"1"的判断规则。

如果 $y \leqslant T$，输出为0，表示手写数字识别为"0"。

如果 $y>T$，输出为1，表示手写数字识别为"1"。

B 任务：训练感知器

将手写数字"0"和"1"图像的粗网格特征输入感知器模型中进行训练。

进行识别手写数字"0"的判断。

（1）输入手写数字"0"的四个特征值。

$x_1=0.10$ $x_2=0.22$

$x_3=0.18$ $x_4=0.13$

（2）进行感知器公式计算。

感知器模型的输出结果为

$y=x_1×w_1+x_2×w_2+x_3×w_3+x_4×w_4+b=0.10-0.22-0.18+0.13+0=-0.17$

（3）进行感知器模型输出结果判断。

$-0.17<T$

手写数字判断结果：输出为0，对比手写数字"0"的标签数据 L_0，结果识别正确。

进行识别手写数字"1"的判断。

（1）输入手写数字"1"的四个特征值。

$x_1=0.07$ $x_2=0.06$

$x_3=0.03$ $x_4=0.05$

（2）进行感知器公式计算。

感知器模型的输出结果为

$y=x_1×w_1+x_2×w_2+x_3×w_3+x_4×w_4+b=0.07-0.06-0.03+0.05+0=0.03$

（3）进行感知器模型输出结果判断。

0.03>T

手写数字判断结果：输出为1，对比手写数字"1"的标签数据 L_1，结果识别正确。

这时，通臂猿猴说道："小云盒，停一下。"待小云盒停下方法展示后，通臂猿猴问悟小白："小白，现在这两个手写数字好像感知器都能正确识别，但是设置不同的权重和偏置可以得到不同的判断结果。这里的权重和偏置是小云盒事先设定的，如果将其改变为其他的数值，又能得到什么结果呢？"悟小白想了想，小云盒立刻显示出他想做出的改变和带来的结果。

感知器的四个输入数据分别为 x_1、x_2、x_3、x_4，假设权重 w_1=0.5、w_2=-0.5、w_3=-0.5、w_4=0.5，偏置 b=0.5，阈值 T=0。

如果 $y \leqslant T$，输出为0，表示手写数字识别为"0"；

如果 $y > T$，输出为1，表示手写数字识别为"1"。

手写数字"0"的四个输入数据为

x_1=0.10 x_2=0.22

x_3=0.18 x_4=0.13

感知器模型的输出结果为

$y = x_1 \times w_1 + x_2 \times w_2 + x_3 \times w_3 + x_4 \times w_4 + b = 0.10 \times 0.5 + 0.22 \times (-0.5) + 0.18 \times (-0.5) + 0.13 \times 0.5 + 0.5 = 0.415$

感知器模型输出结果判断：

$0.415 > T$

手写数字判断结果：输出为1，对比手写数字"0"的标签数据 L_0，结果识别错误！

悟小白看到这个结果，一下子睁大眼睛，疑惑地看着通臂猿猴。通臂猿猴笑道："没什么，人类的学习都会遇到错误，人工智能的学习会遇到更多的错误，我们只有不断地改正这些错误才会不断进化呀！

在构造感知器时，权重和偏置都是任意设定的，因此识别错误的可能性很大。别着急，感知器之所以为感知器，是因为它可以感知错误，根据输出结果和标签数据之间的差距，自动调整权重和偏置，从而提高识别准确率。

自动调整权重和偏置的过程主要包括如下步骤。

（1）计算输出结果和标签数据之间的差距。

当设置感知器模型的权重 w_1=0.5、w_2=-0.5、w_3=-0.5、w_4=0.5，偏置 b=0.5 时，手写数字'0'识别错误，此时，感知器会计算输出结果和标签数据之间的差距，也称为误差，可以用 E 表示，则

$$E=L_0-y=0-0.415=-0.415$$

（2）根据误差 E 从后向前调整权重和偏置。

$$w_i'=w_i+E$$

$$b'=b+E$$

其中，w_i 和 b 表示调整前的权重和偏置，w_i' 和 b' 表示调整后的权重和偏置。因此，调整后的权重和偏置分别为

$$w_1'=0.5-0.415=0.085$$

$$w_2'=(-0.5)-0.415=-0.915$$

$$w_3'=(-0.5)-0.415=-0.915$$

$$w_4'=0.5-0.415=0.085$$

$$b'=0.5-0.415=0.085$$

这样我们就得到了调整后的权重和偏置。

（3）根据调整后的权重和偏置，反复进行前向计算和后向计算，直到满足某个结束条件（一定次数后或达到预先设定的误差）。

按照之前的计算公式，小云盒代入调整后的权重和偏置重新计算一次吧。"

小云盒接收到命令后，开始重新计算：

感知器的四个输入数据分别为 x_1、x_2、x_3、x_4，权重 $w_1=0.085$、$w_2=-0.915$、$w_3=-0.915$、$w_4=0.085$，偏置 $b=0.085$，阈值 $T=0$，手写数字"0"的标签数据为 L_0，手写数字"1"的标签数据为 L_1。

如果 $y \leqslant T$，输出为 0，表示手写数字识别为"0"。

如果 $y>T$，输出为 1，表示手写数字识别为"1"。

手写数字"0"的四个输入数据为

$x_1=0.10$ $x_2=0.22$

$x_3=0.18$ $x_4=0.13$

感知器模型的输出结果为

$y=x_1 \times w_1+x_2 \times w_2+x_3 \times w_3+x_4 \times w_4+b=0.10 \times 0.085+0.22 \times (-0.915)$

$+0.18 \times (-0.915)+0.13 \times 0.085+0.085=-0.26145$

感知器模型输出结果判断：

$-0.26145<T$

手写数字判断结果：输出为 0，对比手写数字"0"的标签数据 L_0，结果识别正确。

手写数字"1"的四个输入数据为

x_1=0.07　　　　　　　　x_2=0.06

x_3=0.03　　　　　　　　x_4=0.05

感知器模型的输出结果为

$y=x_1\times w_1+x_2\times w_2+x_3\times w_3+x_4\times w_4+b=0.07\times0.085+0.06\times(-0.915)$

$+0.03\times(-0.915)+0.05\times0.085+0.085=0.01285$

感知器模型输出结果判断：

$0.01285>T$

手写数字判断结果：输出为1，对比手写数字"1"的标签数据 L_1，结果识别正确。

　　看到新的判断结果，通臂猿猴道："看吧，小白，我们根据误差 E 对权重和偏置进行调整后，无论对于手写数字"0"还是"1"，感知器都能正确识别，因此调整后得到的 w_i' 和 b' 即训练感知器得到的正确的权重和偏置，也就是说感知器通过学习得到了进化，识别正确率得到了提高。由此可见，根据输出结果不断调整权重和偏置的过程也可称为感知器的训练过程。其目的就是使得判断结果越来越准确。"

悟小白道："这个计算过程就像人类倒车入库一样，通过不断地调整车辆和车库之间的距离，一会儿前一会儿后，最终将车辆倒入车库中。"

通臂猿猴给悟小白点了一个赞："这一前一后用得很合适，感知器的训练其实就是由两个阶段构成的，我们称为前向计算和后向计算。

在前向计算过程中，感知器根据输入数据，从前向后计算得到输出结果，在感知器模型图中的顺序就是从左到右。

在后向计算过程中，感知器根据输出结果和标签数据之间的差距，从后向前调整权重和偏置，在感知器模型图中的顺序就是从右到左。

这就好比要求运动员从 A 点直线奔跑到 B 点，而在 B 点设置了一个教练，如果运动员在跑步过程中出现了方向偏差，B 点的教练会马上通知他方向偏了，请调整方向。所以，感知器的后向计算过程也被形象地称为后向反馈过程。

当然，在现实的识别问题中，训练集不可能只有两类手写数字图像，并且权重和偏置的调整也不总是像我们刚才的训练过程一样简单，不一定通过一次调整就可以得到正确的权重和偏置。因此，感知器的训练过程是一个循环往复的过程，依次输入多个训练图像，每次都先前向计算，再根据误差进行后向计算，反复进行前向＋后向计算，直到达到一定次数或者预先设定的误差，则说明感知器已经训练完毕，最终得到的权重和偏置才是正确的权重和偏置。

这种不断地前向计算，再结合后向计算过程调整权重和偏置的学习算法，称为后向传播算法。

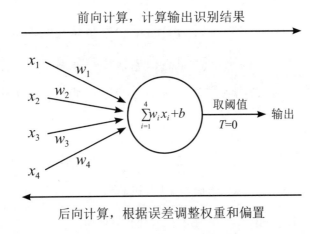

至此，在获取正确的权重和偏置后，感知器的训练阶段结束，接下来进入测试阶段。"

二、第二阶段：测试阶段

通臂爷爷继续说道："测试过程就很简单了！你按照下面的手写数字识别过程的步骤一步步进行即可。"

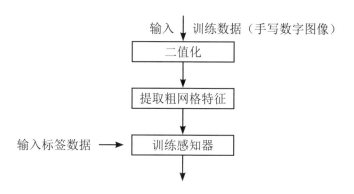

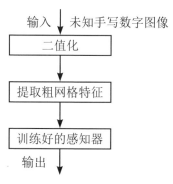

（1）二值化：设置与训练阶段相同的数值为125，将图像转换为二值图像。

（2）特征提取：提取粗网格特征，网格大小划分和特征值的计算同训练阶段一样。

（3）特征分类：将提取的特征输入训练阶段训练好的感知器模型中进行前向计算，得到分类结果。（注意：因为权重和偏置是在训练阶段已经训练好了的，所以，在测试阶段只需要进行一次前向计算，不需要后向计算调整权重和偏置。）

按照以上步骤，悟小白在大脑里飞快地进行计算，很快便完成了手写数字"0"和"1"的识别过程。看到结果，悟小白高兴地说："通臂爷爷，我们成功完成了手写数字'0'和'1'的识别！不过现在有10个不同的数字，该怎么解决呢？"

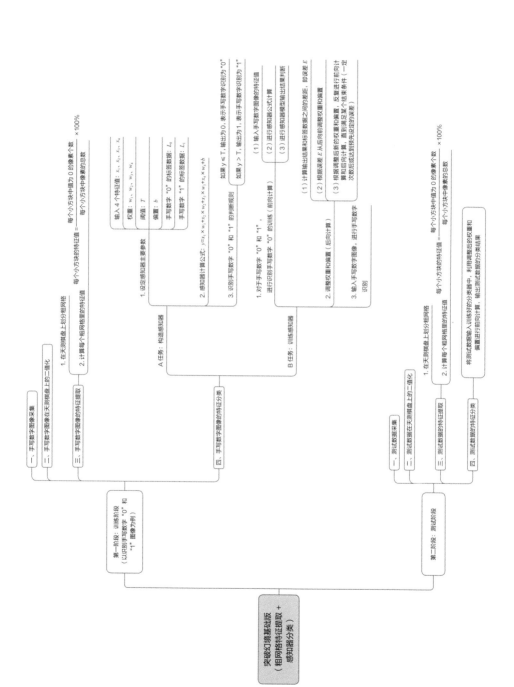

突破关卡进阶版

通臂猿猴没有直接回答悟小白的问题："小白，你刚才是不是说把一个个感知器连接在一起，就慢慢构成了神经网络？"

悟小白有点不好意思了："通臂爷爷，我刚才小声地说了一句，这你也听见了啊？不过我不知道这个想法对不对。"

通臂猿猴："哈哈，你这个想法可是进阶版 BP 神经网络的思路哟。"

悟小白眼睛一亮："真的啊，这算法还可以进阶吗？那岂不是我们可以更快地通关了？"

通臂猿猴："当然了，人脑约有 1000 亿个神经元，但一个感知器仅仅模拟一个神经元的神经活动，而且只能实现两类数字的分类，无法处理现实生活中复杂的识别问题。如果我们考虑多个神经元的信息传递，正如你所想的，把一个个感知器连接在一起，就有了感知器的进阶版——BP 神经网络。

实际上 BP 神经网络就是将原来仅包含输入层和输出层的单层感知器模型扩展到多层，同样采用后向传播算法调整权重和偏置。小云盒，给出三层 BP 神经网络的结构图吧。"三层 BP 神经网络结构图即刻呈现出来。

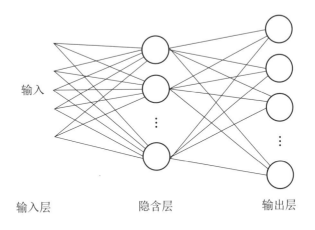

输入

输入层　　　　　　　隐含层　　　　　　　输出层

通臂猿猴指着结构图说道："经典 BP 神经网络由输入层、隐含层和输出层三层网络结构构成。其中，输入层、输出层的含义和前面感知器模型中输入层、输出层的含义一样，不同的是多了隐含层。在这种情况下，数据由输入层传递给隐含层的每个神经元，隐含层的每个神经元把计算结果分别传递给输出层的每个神经元，最后输出识别结果。"

悟小白问道："那这种三层 BP 神经网络有什么好处呢？"

通臂猿猴："三层 BP 神经网络结构识别手写数字的准确率可比两层感知器结构要高很多，这就像用不同层数的筛子过滤水一样，过滤的层数越多，出来的水就越纯净。"

悟小白："那如果想同时识别数字 0 到 9 共 10 个数字，是不是可以用这种三层的 BP 神经网络结构呢？"

通臂猿猴："是的，我们可以选用三层 BP 神经网络结构处理这种十分类问题。

对于输入层，其神经元的个数等于输入数据的个数。和感知器一样，这是由特征个数决定的。在天测棋盘上，我们用 14×14 的粗网格结构划分手写数字可以得到 4 个特征值，那么输入层就是 4 个神经元。当然你也可以在天测棋盘上使用更小的粗网格结构划分手写数字，如 7×7 或 4×4。一般来说，网格越小，获取的特征越精细，识别的精度会越高，当然输入数据量也会相应增加，从而导致计算量增加，计算效率降低。

对于输出层，其神经元的个数等于分类类别数。我们要分类 0～9 共 10 个数字，那就可以设置 10 个神经元。

每个神经元对应一个数字，每个神经元输出结果为 0 或 1。例如用第 1～9 个神经元分别对应数字 1～9，第 10 个神经元对应数字 0。

如果输出层的 10 个神经元中仅有 1 个神经元输出为 1，其余输出为 0。那么，输出为 1 的神经元的位置所对应的数字就是识别的结果。例如，如果第 5 个神经元输出的结果为 1，其他神经元均输出为 0，表示识别结果为数字 5。

对于隐含层，其神经元的个数可以自行指定。当然，神经元个数越多，可能识别精度越高，但是相应地计算效率就会降低。至于到底多少个神经元合适，目前还没有统一的标准。一般隐含层的神经元个数是在识别精度和计算效率之间取得的一个相对平衡的数值。

BP 神经网络的工作原理跟感知器类似，最开始每个节点的权重和偏置是随机设定的，然后根据输出结果和标签数据的差距，采用后向计算，不断地调整权重和偏置，直到训练过程结束，这一过程需要强大的计算能力。"

终破关卡

悟小白听了通臂猿猴的解释，顿时觉得像任督二脉被打通了似的，兴奋地说："我搞懂了！接下来，看我如何大展身手吧！"说完，悟小白开始根据前面训练阶段和测试阶段的流程对保存在大脑里闪现影像中的数字进行识别，准备通过第一道拐处的关卡。

由于是直接在悟小白高性能的大脑中运算，悟小白很快就识别出了这道拐闪现的数字，他大声念出这些数字，果然，雾气很快便散去了，正确的上山道路呈现出来。

二人赶紧向上攀登，接下来，一旦出现闪现的数字，悟小白就重复上述方法，虽然有的时候识别也会出现错误，但依靠悟小白强大的计算能力，问题都迎刃而解。第二道拐、第三道拐、第四道拐……第九十九道拐，最终二人到达了终点——寿星桥。

最后一道拐的雾气随着悟小白大声念出的数字消散后，只见幻方子正站在山路上，恭敬地双手抱拳朝着二人鞠躬。通臂猿猴道："我们已经通过了手写数字识别的考验，接下来应该往哪走呢？还请您帮忙带路。"

幻方子忙道："别客气！二位本领高超，这么难的手写数字识别关卡都能顺利通过，看来的确是资质过人。其实唐小僧师傅也一直在寻找有潜力的人选收作徒弟，希望能将自己多年所学传授下去。故命我在上山路上设置重重关卡，以便筛选可塑之才。还请二位谅解，我并非故意为难你们。剩下的路程，我正好可以陪同二位。"

悟小白和通臂猿猴相视一笑，悟小白心里对拜唐小僧为师充满了期望。

真假唐小僧

唐小僧的
谜语

　　通过了九十九道拐，幻方子陪同通臂猿猴和悟小白向峨眉山金顶进发。这一路非常顺利，幻方子多年来得唐小僧的教导，因此精通数理逻辑，一路上给悟小白讲解了不少数理逻辑方面的知识以及关于唐小僧的趣闻，使得悟小白在欣赏峨眉山绚丽风景的同时也收获很多知识。经过几个小时的山路，悟小白一行终于登上了峨眉山主峰——金顶。

　　一来到金顶，悟小白和通臂猿猴顿觉豁然开朗。与之前穿越的羊肠山路不同，金顶是一小片平原，放眼望去一片开阔，在金顶正中央的位置矗立着一尊高耸入云的十方普贤菩萨骑着大象的铜像。

幻方子给悟小白和通臂猿猴介绍道："这峨眉山金顶也称华藏寺，始建于唐朝，因屋顶为锡瓦所盖，元朝时又被称为'银顶'，在金顶可观看峨眉山的四大奇观——日出、云海、佛光、圣灯。华藏寺全称'永明华藏寺'，和金殿统称为华藏寺，华藏寺依山势而建，正面对普贤菩萨铜像，背靠山顶悬崖，山中云雾缭绕，从侧面看，华藏寺好似悬挂在一片云雾之中，甚是神奇。"

幻方子拜了拜普贤菩萨铜像，又道："这 48 米高的十方普贤菩萨铜像代表阿弥陀佛的 48 个愿望，是目前世界上最高的金佛，也是峨眉山金顶的中心。普贤菩萨的十个头像分为三层，神态各异，代表了世人的十种心态。大象背上第一层为普贤菩萨的四头像和两面身；第二层为普贤菩萨四头像；最高层为前后普贤菩萨头像。圣像内拥有 484 平方米的佛中殿，供奉阿弥陀佛铜像，四周绕汉白玉雕佛像。"

听了幻方子的介绍，悟小白二人又在金顶转了一圈，顿觉万象排空，气势磅礴，惊叹天地之奇妙。二人极目四望，天府之国成都平原尽收眼底，千山万岭，起伏如浪，瓦屋山、贡嘎山、岷江、青衣江、大渡河等名山大川历历在目，心里均赞叹唐小僧找了个好地方修身养性。

悟小白问道："幻方子前辈，所以唐小僧师傅就在这华藏寺吗？我们赶快前去拜访吧。"

幻方子听到悟小白的话，反而疑惑地问道："谁说唐小僧师傅在华藏寺里？"

这一问倒把通臂猿猴和悟小白问糊涂了，通臂猿猴解释道："我也只是听过唐小僧的大名，并没有见过本人。按照常理推断，我们一路步行登山，通过重重关卡到达金顶，诚心拜师。既然唐小僧也有意招徒弟，应该会在终点等待我们才对。"

幻方子听了通臂猿猴的解释，哈哈大笑起来："也不怪你们误会，只是唐小僧师傅不按常理出牌，他生性好奇，思维敏捷，知识渊博，常说'行万里路，知天下事'，要让他只待在一个地方，他肯定受不了的。峨眉山风景秀丽，文化昌盛，因此这几年他常住于此，也有可能过些日子他就搬到别处去了。"

这时通臂猿猴和悟小白才恍然大悟，亏得遇到了幻方子，否则他二人真可能在峨眉山的各个寺庙中找寻唐小僧呢，那可就白费功夫了。

不过问题又来了，唐小僧到底在哪呢？通臂猿猴问道："唐小僧师傅既然不在寺庙中，那会在峨眉山的什么地方呢？"

这下轮到幻方子为难了："前段时间唐小僧师傅让我在九十九道拐设置了手写数字识别的机关，以便寻找有缘人，不过却没有细说找到了怎么办，只说带到金顶来。说起来，我也有好几个月没有见到他了。他一会儿研究峨眉山的动植物，一会儿去龙池峡研究溶洞，一会儿又找清净之地看书思考。总之，他在峨眉山行踪不定，要找到他估计得花些时间呢。"

通臂猿猴想了想又问道："那唐小僧师傅给你留下什么线索没有呢？"

幻方子仔细地回想了一下，猛地道："对了，唐小僧师傅给我留下了一张他的照片，不过我没看懂，也不知道怎么用。"说完，幻方子拿出照片递给了通臂猿猴。

通臂猿猴接过照片看了看，是一个长相俊朗的年轻人，心里念叨："原来这就是唐小僧啊，还挺帅的嘛。"通臂猿猴翻到照片的背面，上面写着"千面众生，万象人间，芸芸众生，各取其径"。

千面众生，
芸芸众生，万象人间，
各取其径。

通臂猿猴念了几次，又问了问悟小白和幻方子，发觉大家均是疑惑不解。

通臂猿猴苦笑道："这些高人都是猜灯谜出身的吗？算了，我们暂时不要去猜谜了，我们现在有了唐小僧师傅的照片，就先在金顶上找一找，碰碰运气吧。"

奇怪的游客们

　　悟小白和幻方子想着现在也没有更好的办法，而且唐小僧交代幻方子到金顶来，那就碰碰运气找找吧。说罢，三人散开，在金顶的不同地方探寻起来，同时，通臂猿猴拿出了微型无人机在金顶上方四处查寻。

金顶本就不大，三人又各具神通，再加上无人机的帮助，不到一个小时就把金顶探寻了好几遍，却连唐小僧的影子都没找到。这下三人无计可施了，通臂猿猴无奈地说道："天也快黑了，看来我们只能先找个地方休息，明天再说了。"

悟小白和幻方子点头同意，准备去找个地方休息。突然，悟小白停住脚步，问道："幻方子前辈，这金顶的游客一直这么多吗？"幻方子答道："峨眉山旅游的旺季约是每年的4月1日～11月30日，现在还没进入4月，初春时节应该不算旅游旺季，而且现在已是傍晚，游客基本都下山了。"幻方子说到这儿也觉得不对了，他转头看了看四周——游人如织啊。

幻方子看了悟小白一眼，明白了他为什么会问这个问题，他俩又看向通臂猿猴，通臂猿猴也看了看四周，说道："的确不同寻常，想必这又是个考验我们的机关。"

的确，现在这金顶之上，即便有游客从他们身边经过，也没有一个人多看他们一眼，似乎他们根本就不存在。

想到这里，通臂猿猴道："这些游客有些古怪，我们选一些游客近距离地观察一下吧。"说罢，三人选了一位游客靠近，可无论他们靠得多近，游客都似乎没看见他们，自己该干什么事还干什么事。

然后，通臂猿猴拿出唐小僧的照片又对照了几十位游客，一番仔细观察下来，结果都不是唐小僧，不过对照得越多，他们越有一种强烈的感觉：这些游客虽然不是唐小僧，但外貌上要么鼻子像唐小僧，要么眼睛像唐小僧，总之，都或多或少和唐小僧有点相似，但是又有些细微的差别。

快来找我啊

这时，还是经验丰富的通臂猿猴猛地拍了拍脑袋，恍然大悟地说道："小白，这唐小僧师傅为了考验你，真是好大的手笔啊。"

　　悟小白更糊涂了，通臂猿猴看到他的样子，笑道："你看这场景不正迎合了唐小僧师傅照片背面的那句话吗？长相各异的游客就是千面众生，这些游客在金顶上的各种行为就是万象人间，要想在芸芸众生中找到唐小僧，就需要有各取其径的方法。唐小僧师傅是想我们在这众多的游客中找到他。"

　　悟小白这下明白了："原来是玩躲猫猫——快来找我啊！听上去并不难，我们拿着照片一个个对照不就行了，况且还有无人机的帮忙。"

　　通臂猿猴指了指金顶的入口："没这么简单，看游客对我们的态度，我想他们一定是唐小僧用什么方法虚拟出来的，单单现在就有上千人，你再看金顶入口，都这个时间点了，游客还在源源不断地上来，如果真要一个个对照，怕是很难成功的。"

　　想一想之前的鸢尾花丛和手写数字识别关卡，悟小白也明白拜唐小僧为师的难度，不过他倒不灰心，对徒弟的高要求不正反映了唐小僧知识的渊博吗？这正是悟小白所期望的。

　　幻方子说道："确实，唐小僧师傅对徒弟要求很高，如果这金顶上的游客是唐小僧师傅为了考验小白虚拟出来的，那看来还是需要小白靠自己的实力来解决这些问题。"

通臂猿猴点了点头表示同意："小白，考验你的时刻又到了！唐小僧师傅需要你从这些数量众多且长相相似的游客中识别出哪个是真正的唐小僧，只要你识别正确，他自然会现身的。"

悟小白一副窘态："识别？是不是跟我们在九十九道拐遇到的手写数字识别问题差不多？"

通臂猿猴道："原理差不多，但九十九道拐是识别手写数字，这里已经涉及人脸了，人脸识别可比数字识别复杂得多，具体的细节还是让小云盒来告诉我们吧！"

于是悟小白启动小云盒，问道："小云盒，能帮我解释一下什么是人脸识别吗？"

小云盒回答道："小白，稍等，我找到了。要在这么多游客中找到唐小僧师傅，可以通过人脸识别的方法解决。人脸识别就是通过检测和定位不同场景（比如金顶的各个景点）中的人脸判别检测到的人脸图像是属于哪个人的，从而识别不同的个人。

完整的人脸识别过程包括人脸检测和人脸识别两个阶段。

人脸检测阶段即检测场景中的人脸位置，使其不和其他物体（如这金顶上的山石、树木、寺庙、佛像等）的图像混淆。

人脸识别阶段即将检测出的人脸图像进行分类，从而判定该人脸属于哪个人，最终完成人脸识别。"

悟小白挠了挠脑袋说道："经过前面的学习，我已经基本熟悉了识别的一般处理流程，不过之前遇到的手写数字场景很简单，只有黑色的数字和白色的背景，人脸检测应该要复杂得多吧？"

小云盒继续解释道："是的，给定任意一幅图像，该图像中可能包括场景和人脸，也可能没有人脸存在。特别是场景，比如华藏寺庙内外、金顶观景台等，由于看的角度、光影等不同，场景可能千变万化，因此人脸识别第一步人脸检测就比之前遇到的手写数字识别要复杂得多。

人脸检测的最终目的是通过一定的方法或策略，确定千变万化的场景中是否存在人脸。如果不存在人脸，需要返回结果，告诉我们这个场景中没有人脸的存在。如果存在人脸，需要返回人脸在场景中的位置和大小，以便于我们根据位置和大小将人脸图像与场景图像区分开，并且把人脸图像从整幅图像中裁剪下来，输入下面的人脸识别阶段，进行每一幅人脸图像的识别。"

悟小白听了小云盒的解释，看了看金顶上散落在不同区域的上千游客，吐了吐舌头，这要是都拍成由不同的场景和不同的游客构成的照片，还不得上百万张啊，这个躲猫猫玩起来可够呛！

照个相、定个身、转个圈

通臂猿猴似乎看透了悟小白的心思，笑道："小白，如果直接取这金顶上不同场景和这么多游客的图像让你识别，确实难度有点大，而且耗费的时间太长了。因此，我们需要借助工具跳过人脸检测的阶段，直接进入人脸识别阶段。"

悟小白惊喜地问道："什么工具？"

通臂猿猴回答道："根据刚刚小云盒的介绍，人脸检测阶段实际上是去除其他物体图像的干扰，比如不同的景点场景图像，从整幅图像中精确地提取人脸图像，从而提高人脸识别阶段的精度。现在我们要在这么多游客中识别出唐小僧师傅，如果只采集游客人脸部分的图像而不采集场景图像的话，那么问题不就简化为单纯的人脸识别问题了吗？因此在数据采集阶段，我们的训练

集就只是金顶上所有游客的人脸图像。你可别忘了，我们有无人机呀！我们可以控制无人机的飞行高度，让它采集每个游客的正面人脸图像即可。"

悟小白好像被点通了似的，惊喜地拍手说道："对呀，通臂爷爷！我怎么忘了它呢！"

转眼，悟小白又一个疑问产生了："但是，根据之前的经验，机器学习要求训练集中每类样本的数量越多越好，就像MNIST数据集中有不同写法的手写数字'0'图像一样，这样识别的精度才会高。对每个游客只采集一幅正面人脸图像好像远远不够！"

通臂猿猴想了想，说道："小白，你说得对！不过我们也有解决办法，我们不仅可以控制无人机飞行的高度，还可以控制其飞行的角度。这样不仅可以采集每位游客的正面人脸图像，还可以从各个方向采集其不同角度的人脸图像，每位游客的人脸图像的样本数量就会有很多，可以满足学习所需要的训练集数量的要求。"

悟小白想了想，觉得通臂猿猴说得在理，点点头赞同道：
"嗯！通过无人机采集游客不同角度的人脸图像，这样训练集就
准备好了！测试集就是刚才那张唐小僧师傅的照片，那标签数据
呢？"小云盒听完接着说道："在人脸识别中，标签数据应该是
人脸图像对应属于某个人。由于计算机只能处理数值型数据，可
以对训练集中人脸图像所属的类别（即属于某个人）进行编号，
如 1，2，3，…，100，…

不过，还有个问题，这些游客到处游玩，我们的无人机可能
会重复采集同一个游客的人脸图像，况且即便识别出唐小僧师傅
来，也不知他一会儿又跑到哪个地方游玩去了。"

这倒是个问题，而且游客还在源源不断地登上金顶，在这种
情况下，无人机不断飞来飞去采集的人脸图像会有大量的重复。
通臂猿猴想了想道："这个倒能解决，不过可能要委屈一下唐小
僧师傅了，而且还需要幻方子帮一下忙。"

悟小白和幻方子听了，都充满了疑问地看向通臂猿猴。

通臂猿猴神秘一笑："既然游客都是唐小僧师傅虚拟出来
的，咱们通过程序操作让游客定格即可！"

这下悟小白和幻方子明白了，原来通臂猿猴是想把游客定住。悟小白挠了挠脑袋："这样不是唐小僧师傅也不能动了吗？会不会不太合适呢？"

通臂猿猴哈哈大笑："唐小僧考验了我们这么多次，我们也给他找点小麻烦吧！放心，他本就是豁达之人，没那么小气的。"

幻方子也觉得很好笑："的确，倒不用担心唐小僧师傅生气。只是他必须憋着一动不动，这可有点辛苦呢，他要是动了……"

"那我们就不用进行什么人脸识别了，一眼就会瞧见他的！"通臂猿猴大笑着接过话，"这只是针对金顶上的游客的办法，源源不断上来的游客就需要幻方子帮忙了，你能在金顶入口布置机关吗？先把这些游客拦住，等我们把金顶上的游客识别完了，再让他们上来。嘿嘿，这些游客应该都是唐小僧虚拟的，你不用担心他们去旅游监管部门投诉你。"

幻方子点了点头："这不算什么，那我就来助小白一臂之力吧。"说完，他启动机关，只见忽然间金顶入口处大雾弥漫，果然不一会儿，一个游客也没有再上来了，想必都在九十九道拐识别手写数字了吧。

看幻方子成功了，通臂猿猴也设置程序，然后大叫一声："定！"刹那间，金顶上所有的游客都静止不动了，小云盒发出欢快的声音："这下标签数据就方便处理了，对训练集中人脸图像所属的类别（即属于某个人）进行编号，不同的编号代表了固定在不同位置的游客，这样我们就可以找出唐小僧师傅了。"

通臂猿猴又接着说道："小白，其实我们在讨论如何寻找唐小僧师傅这一过程中采用的思路，是研究学习中常用的一种思路——复杂问题简单化，就是通过各种方法把一个复杂问题拆解成很多个可以被直接解决的简单问题的方法，其实在识别手写数字时，我们已经运用过这种思路了。"

悟小白沉思了一会儿，猛地醒悟道："对啊！虽然手写数字图像在天测棋盘格子里对应有很多数值，但我们只关注了有笔迹的那部分图像，而没有笔迹的那部分图像在格子里对应的数值大多是 255 或者接近 255 的值，我们没有对这部分数值进行处理，于是问题就简单了很多，这就是一种复杂问题简单化处理的思路吧？"

通臂猿猴赞赏地点了点头："是的，人类在很多复杂问题的处理过程中，都会始终关注最有用的那部分信息，而将其他信息通过科学的分析和方法处理掉，一步一步地把复杂问题简化成最简单的问题进行处理，从而解决复杂的问题。这种化繁为简的思路你一定要铭记在心，后面我们找唐小僧师傅也会运用到这种思路。现在先来看看为了降低识别唐小僧师傅的难度，把这一问题拆解成不同的小问题而逐步想办法解决的思路图吧。"

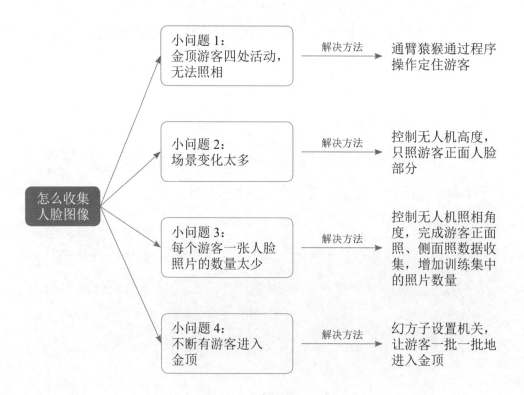

悟小白看完小云盒给出的思路图后，通臂猿猴说道："小白，现在你先了解这种思路，算是给你种下一颗种子，但这颗种子如何成长为参天大树，就需要你在学习和生活过程中不断地训练这种思维方式了。好了，我们的准备工作也差不多了。"说完，通臂猿猴启动无人机，接着，无人机像流星一样在金顶上方穿梭，采集每个游客的正面和不同角度的人脸图像。

通关绝招儿

深度学习大热身

没过多久，无人机便完成操作回到通臂猿猴手中，通臂猿猴将图像数据全部传输给了悟小白。悟小白兴奋地说道："这样，我们的训练集和测试集就都准备好了！那接下来采用怎样的特征提取算法和分类器呢？小云盒，快来帮帮我！"

小云盒在它的知识宝库中搜索了一番，回答道："小白，做好心理准备，随着你学习的深入，采用的识别算法难度会加大，在这里，我们可以采用现在最流行的分类技术——深度学习。"

悟小白不明白地说道："深度学习是什么？它和机器学习又有什么关系呢？"

小云盒回答道："人工智能是一个非常宽泛的应用领域。如果把实现人工智能应用的所有技术比作一个大宝库，机器学习则是工具之一，而深度学习是近年来最火爆的机器学习技术之一。所以说，深度学习是机器学习的一个小分类。"

同时，小云盒投射出人工智能、机器学习、深度学习三者之间的关系图。

小云盒接着说道："随着计算机技术和网络的高速发展，各类智能终端和电子媒介产生了大量数据，尤其是近年来人类社交媒体的普及、工业 4.0 的应用、生物基因技术的发展等，产生了大量图片、视频及其他类型的数据。因此，当前人类所处的时代也称为大数据时代，人人都是数据制造者，处处都是数据源。而大数据有以下特性。

（1）海量的数据规模。由于物联网的飞速发展，人与人、人与物、物与物的互通互联得到实现，数据量呈爆炸式增长。一般而言，全球数据增速符合"摩尔定律"，大约每两年翻一番。

（2）数据类型繁多，数据的格式是多样化的，如文字、图片、视频、音频、地理位置信息、基因数据等，可以是不同的数据类别，也可以有不同的来源，如传感器、互联网、问卷调查和人类自身的基因数据等。

（3）数据流转速度快，包含数据产生和数据处理两方面内容。一方面，数据产生得快。例如，欧洲核子研究中心的大型强子对撞机在工作状态下每秒产生 PB 级的数据，数据量属于爆炸式的增长；有的数据虽然是涓涓细流式的产生，但是由于用户众多，短时间内产生的数据量依然非常庞大，例如，全球的在线购物数据、各类车辆的 GPS（全球定位系统）位置信息等。另一方面，数据处理速度快。在实际生活中，很多数据是需要实时处理的，比如地震波数据、飞机飞行状态数据等，对数据处理的时效性要求很高。

（4）价值密度较低。大数据带来的一个直接效果就是有价值的那部分数据将被淹没在海量数据中，比如在几周全天不间断的视频安全监控数据中找到我们需要的那几秒钟，因此从大数据中挖掘价值数据的难度越来越大。

综上，面对大数据时代的特征，想要从中提取有用信息，采用以前的机器学习方法就显得有些力不从心了，为了深入并高效地挖掘大数据中的有用信息，深度学习由此诞生。

随着深度学习的崛起，现在通常把深度学习出现之前的机器学习技术称为传统机器学习，而深度学习主要指采用深度卷积神经网络实现人工智能的应用，比如无人驾驶、语音识别等。

不过，深度学习也不算是新的东西了，其实早在 1989 年就出现了第一个卷积神经网络——LeNet，它被称为现代卷积神经网络的鼻祖，是由美国工程院院士 Yann LeCun 教授（自称中文名为杨立昆）提出的，主要用于解决手写数字识别问题。也正因为在深度学习领域做出的卓越贡献，Yann LeCun 与 Yoshua Bengio、Geoffrey Hinton 一起获得了 2018 年的图灵奖，该奖被称为计算机领域的诺贝尔奖，而这三人也号称深度学习领域的三大巨头。"

玩个拼图游戏

听了小云盒的解答，悟小白又看了看人工智能、机器学习和深度学习的关系图，提出了一个问题："在之前的手写数字识别中，我学习的是 BP 神经网络，而深度卷积神经网络也可以用于手写数字识别，那深度卷积神经网络和 BP 神经网络具体有什么区别和联系呢？"

通臂猿猴听了，回答道："其实，深度卷积神经网络和传统

机器学习有着不可分割的关系，可以说现在的深度卷积神经网络就是从传统 BP 神经网络进化而来的。

简单来说，传统 BP 神经网络和深度卷积神经网络的区别主要表现在三个方面。

第一，深度不同。如果我们把神经网络中的层数称为深度的话，传统 BP 神经网络通常是三层网络结构，也就是深度为 3，比如之前手写数字识别中我们使用的就是三层 BP 神经网络，分为输入层、隐含层和输出层三层网络结构，最多也不超过五层，也就是深度最多为 5。

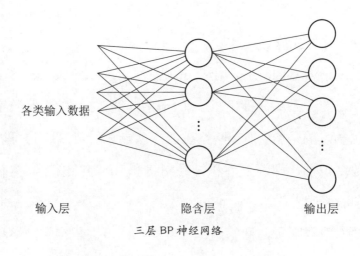

各类输入数据

输入层   隐含层   输出层

三层 BP 神经网络

而现在的深度卷积神经网络的层数已经达到了成百上千层，层数增加了很多，我们也称为深度加深了，这也是为什么称之为深度卷积神经网络。

同时研究发现，在训练集中样本数据量足够多的情况下，深度卷积神经网络的层数直接影响识别精度，层数越多，识别精度越高，当然计算代价也越大，即对计算机的硬件数量和级别要求越高，有的甚至要用到人类最强的超级计算机。比如中国的"神威·太湖之光"超级计算机，其运算速度最快能够达到每秒12.54 亿亿次，在运算速度上与小白你这强大计算能力的大脑都不相上下，不过体积可就比你大多了，需要一栋大楼来放置呢！

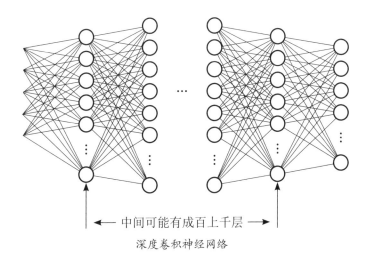

← 中间可能有成百上千层 →

深度卷积神经网络

第二，处理的数据结构不同。小白，你回忆一下，在识别手写数字时，我们使用的传统 BP 神经网络中输入层的每个神经元只能输入一个数值，隐含层和输出层中的一个神经元每次仅仅处理一个数据，所以前一层神经元和后一层神经元之间的连接权重也是一个数值；而深度卷积神经网络中输入层的每一个神经元可以直接输入一幅图像，这幅图像可以是灰度图像，也可以是彩色图像。

这可就大不一样了，如果我们用一幅灰度图像对应一个天测棋盘，一个天测棋盘中的一个格子对应一个数值，那么深度卷积神经网络中隐含层和输出层的一个神经元对应多个天测棋盘，每次可以处理一堆数值，而不是传统 BP 神经网络的一个数值，相应的，前一层神经元和后一层神经元之间的连接权重的数据也就更加复杂。

第三，层的功能不同。再回想一下手写数字识别的算法计算过程，传统 BP 神经网络隐含层的神经元计算方式都一样，最后在输出层判定计算结果和阈值的关系，从而决定最终输出结果；而深度卷积神经网络的不同隐含层却划分成很多不同的功能模块，这些功能模块类似积木块，搭建深度卷积神经网络的过程可以理解成搭积木的过程，按照一定的方法，根据不同的应用场景，把这些功能模块进行不同的组合，从而搭建出不同结构的神经网络。

总的来说，相比于传统 BP 神经网络，深度卷积神经网络更适合用于处理图像数据，而图像数据占人工智能需要处理数据的 70%～80%，因此现在大量深度卷积神经网络在与视觉相关的人工智能领域得到了广泛应用，这也证明了它的优势。"

悟小白听了通臂猿猴的解释，对深度学习有了一些认识，不过还有些地方不太理解。

看出了悟小白的困惑，通臂猿猴说道："小白，为了帮助你对深度卷积神经网络结构理解得更深刻一点，我们来做个拼图游戏吧。"悟小白一听到有游戏玩，一下子就来了兴趣。

通臂猿猴用无人机对准悟小白的脸蛋照了一张照片，把图像传输给小云盒，然后说道："小云盒，把这张图像分成几部分，打乱后让小白重新拼成完整的图像吧。"只见小云盒把悟小白的照片投射到空中，一团白云出现在照片中，白云散去后完整的照片已经被切分成很多块，并且局部照片的顺序全部被打乱了。而这全息投影就像平板电脑的屏幕一样，悟小白可以直接在投影的图像上把一张张局部照片拖来拖去，不一会儿，他的脸蛋部分的照片就拼接完成了。

"这个不难啊。"虽然悟小白做完了拼图游戏，但心中的疑惑却更大了。

通臂猿猴神秘一笑，说道："小云盒，把刚才小白在全息投影上拼图的过程展示一下吧。"

只见全息投影内容一闪，小云盒将一张过程图展示出来。原来悟小白拼图过程中的所有步骤都被小云盒记录了下来，现在小云盒把这些步骤连接在一起，就是悟小白完成拼图游戏的全过程了。

通臂猿猴指着投影出来的拼图游戏过程图，说道："小白，给大家介绍下你拼图的过程吧。"

小白稍微思考了一下道："这个过程图的确是我完成拼图的过程，比如根据眉毛的方位，我先把左右眉毛拼在一起，再按照类似的方式把眼睛拼在一起，然后找到鼻子、嘴巴等，按照空间方位就把五官位置摆好了！"

通臂猿猴又道："那这幅过程图和深度卷积神经网络的结构图有什么关系呢？"

小云盒适时地将两张图投影在了一起。

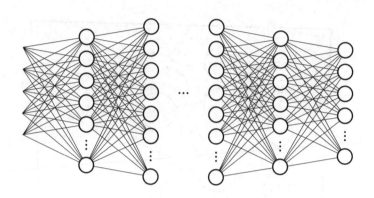

　　悟小白看了道:"这两幅图的结构看起来很像,都是有很多层的网状结构。"

"对了。"通臂猿猴笑道，"正因如此，我们可以用这幅过程图作为类比来帮助你理解深度卷积神经网络的结构。

在过程图中，你拼图的每一步操作其实就是对每一部分五官图片的识别，你是从最简单、最基本，也就是最好认的基本图形开始，通过不断地组合，得到了眉毛、眼睛、鼻子等局部图像，再将局部图像拼在一起，形成完整的图像。

这幅过程图是你对自己的照片的感知过程，模拟了你的大脑对照片进行处理的计算过程。

深度卷积神经网络分类事物的过程就类似这种大脑对外界事物的感知过程，从众多简单、容易识别的基本图形开始，把它们一块一块地组合起来，形成局部图像，再将局部图像一块一块地组合起来，最终形成完整的图像。"

了解到这里，悟小白恍然大悟："我们所有的拼图都是从基本的图形开始的，深度卷积神经网络也是从识别图像中的基本图形开始学习的，再一点一点地组合，这样识别的难度就降低了不少，果然和搭积木一样啊。"

"但是，计算量可增加了不少，这就和你玩拼图游戏类似，需要把不同的图形一块一块地拼接在一起进行尝试，其中很多拼接尝试都是错误的，最终只有一种拼接方式是正确的。"通臂猿猴补充道，"不过，随着芯片技术的发展，相对于人工智能自动

识别带来的好处来说，这些增加的计算负担还是可以接受的。"

悟小白又问道："可我们采集的是整个人脸图像，如何才能得到这些基本的五官局部图像呢？"

通臂猿猴神秘一笑："你算是问到点子上啦！刚刚拼图游戏的组合过程只是类似深度卷积神经网络识别图像的后半部分工作，而在此之前，我们需要从输入的整个人脸图像上提取五官的局部图像（也称为特征）！至于如何提取这些特征，让小云盒给你解释一下吧。"

特征大比拼

小云盒："小白，深度学习之所以能够大大地推动人工智能的发展，正是因为它能够自动学习特征。"

"自动学习特征啊！"悟小白惊讶地脱口而出，在他的印象中，能够自动学习都已经很厉害了，何况还是学习事物的特征，在之前遇到过的问题中，他可是花了很多精力来学习特征的。

小云盒道："是的，我们可以回顾一下之前的机器学习，当时使用的特征要么是我们事先采集好的，如鸢尾花花瓣的长度和宽度；要么是我们选择特定的特征提取方法计算得到的，如粗网格特征。无论是哪一种，这些特征都是人工确定的，为了区别于深度学习自动提取特征的过程，我们也将这些人工提取特征的机器学习方法称为传统机器学习。

传统机器学习主要分为训练阶段和测试阶段两个阶段，其中每个阶段又分别包括两个步骤，即特征提取和特征分类。

深度学习也包括训练阶段和测试阶段。但是跟传统机器学习不同，深度学习将特征提取和特征分类两个步骤合在了一起。

对于搭建好的深度卷积神经网络来说，训练阶段只需要输入图像数据和对应的标签数据，算法会利用一系列操作自动学习特征，训练参数。测试阶段则是将测试数据输入训练好的深度卷积神经网络中，分类结果会自动输出。"

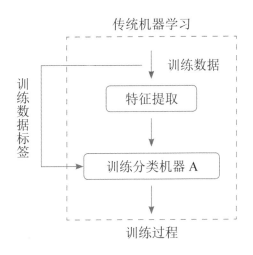

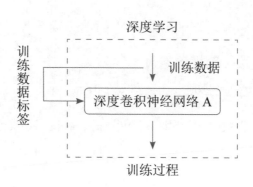

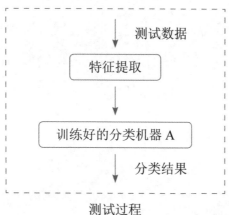

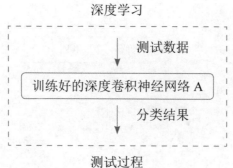

悟小白看了两张图，回想了一下之前解决问题时用到的方法，点了点头。

小云盒接着说道："传统机器学习根据不同应用场景选择不同的特征提取方法，因此，我们把传统机器学习提取的特征称为手工特征。而深度学习通过深度卷积神经网络自动学习特征，因此这样得到的特征称为自动特征。

与深度学习的自动特征相比，传统机器学习提取的手工特征存在明显的问题。设计者需要根据应用场景中的具体数据特点选择合适的特征提取算法提取特征，如在鸢尾花丛中，我们选择花瓣的长度和宽度作为特征；在识别手写数字时，我们选择粗网格特征提取算法提取手写数字特征等。这样的选择方式和设计者的主观判断及经验有很大关系，虽然解决了问题，但更多的情况是计算得到的特征可能仅仅对某些数据集分类效果较好，而对其他数据集分类效果不一定好。"

悟小白又回想了一下之前遇到的情况，确实，传统机器学习虽然解决了问题，但也有很多潜在风险，比如在鸢尾花丛中，如

果鸢尾花种类发生变化，需要考虑花瓣颜色、花萼大小等特征来进行分类时，之前的通关方法就不一定管用了。

通臂猿猴紧接着小云盒继续解释道："深度卷积神经网络的自动特征提取算法是模拟人类大脑感知外界的过程设计的。小白，回顾一下之前我们学习的大脑视觉信息处理过程。

外部物体信息通过视网膜，经由视觉器官首先到达视皮层的V1区，该区主要提取事物的边缘信息；V2区将V1区提取的边缘信息组合成轮廓信息，从而让大脑能够感知外部物体的形状；而V4区则主要负责从视觉信息中提取颜色信息。

深度卷积神经网络结构是由输入层、输出层和中间很多隐含层构成的。越靠近输入层的隐含层称为浅层，越靠近输出层的隐含层称为深层。根据隐含层所处的位置不同，每层隐含层提取的特征也是不同的。这种处理过程类似于人类大脑处理视觉信息的过程。小云盒，将上述结构投影出来吧。"

悟小白困惑地说："随便给定数值？是不是太草率了？这样能得到我们想要的特征吗？"

通臂猿猴回答道："当然不能，但是你忘记了吗？在你学习感知器的时候，有一个过程叫后向计算过程，可以从后往前调整权重和偏置，其实这里的卷积核就对应传统 BP 神经网络中的权重，只不过传统 BP 神经网络中的权重是一个数值，而这里的权重对应一个天测棋盘。深度卷积神经网络源于传统 BP 神经网络，所以它也存在后向计算过程，会自动调整卷积核上的数值。这样，即使随便给定数值也不用担心会出错，当然如果根据经验生成卷积核，能更快地找到最好的特征。"

悟小白听了，暂时解开了这个疑问，专心致志地理解通臂猿猴讲的卷积操作。

通臂猿猴继续说道："另外，卷积操作的计算结果需要存储在一个新的天测棋盘里，我们就叫它卷积结果天测棋盘吧。"说完，通臂猿猴又复制出一个空的天测棋盘。

通臂猿猴说道："我们已经准备好输入数据和卷积核了，现在开始卷积操作，方法如下。

第一步，固定代表人脸图像数据的天测棋盘不动，将卷积核和该天测棋盘的左上角对齐，在两者完全重叠的区域里，对应的数值相乘后求和，作为卷积后第一行第一列的结果填充在新的天测棋盘里面。"

只见，代表卷积核的天测棋盘向着代表人脸图像数据的天测棋盘慢慢地移动过去，待两者左上角对齐，两个天测棋盘完全重叠后，一串公式出现：

1	0	1	0	1	1
1	0	1	1	0	0
0	1	1	1	0	1
1	0	0	1	1	1
1	0	0	1	1	0
1	1	1	1	0	0

1	0	-1
0	1	0
-1	0	1

$$1×1+0×0+1×(-1)+1×0+0×1+1×0+0×(-1)+1×0+1×1=1$$

这时，通臂猿猴又复制出一个天测棋盘代表经过卷积操作的结果，将"1"这个数字填在了卷积结果天测棋盘上。

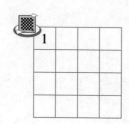

接着，通臂猿猴道："这便是卷积后第一行第一列的结果，然后我们开始进行下一步。

第二步，将卷积核向右滑动一列，这一列代表人脸图像的一个像素，重复以上操作，作为卷积后第一行第二列的结果。

当然，在第二步中我们可以选择每次滑动 N 个像素，N 的值由使用者确定，你可以理解为 N 越小，我们对图像的卷积操作越精细。因此，我们也称每次滑动的像素个数为滑动步长。"

1	0	1	0	1	1
1	0	1	1	0	0
0	1	1	1	0	1
1	0	0	1	1	1
1	0	0	1	1	0
1	1	1	1	0	0

1	0	-1
0	1	0
-1	0	1

这时，代表卷积核的天测棋盘在代表人脸图像数据的天测棋盘上向右滑动了一列，两个天测棋盘再次完全重叠后，一串公式出现：

$$0×1+1×0+0×(-1)+0×0+1×1+1×0+1×(-1)+1×0+1×1=1$$

然后通臂猿猴将"1"这个数字填在了卷积结果天测棋盘上第一行第二列的位置。

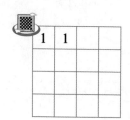

接着，代表卷积核的天测棋盘在代表人脸图像数据的天测棋盘上继续向右滑动，采用同样的计算公式，分别得到第一行第三列和第一行第四列的结果。

第一行第三列：

$1×1+0×0+1×(-1)+1×0+1×1+0×0+1×(-1)+1×0+0×1=0$

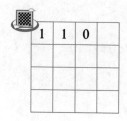

第一行第四列：

$0×1+1×0+1×(-1)+1×0+0×1+0×0+1×(-1)+0×0+1×1=-1$

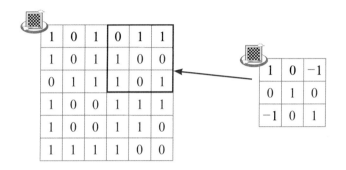

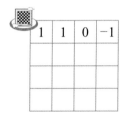

当代表卷积核的天测棋盘在代表人脸图像数据的天测棋盘上向右滑动到右边界时，通臂猿猴道："这时候该进行第三步了。第三步，我们重新将代表卷积核和代表人脸图像数据的两个天测棋盘的左上角对齐，然后将代表卷积核的天测棋盘向下滑动一行，这一行也代表人脸图像的一个像素，计算过程同上，由此得到第二行第一列的卷积结果。然后再将代表卷积核的天测棋盘依次向右滑动，分别得到第二行第二列、第二行第三列和第二行第四列的卷积结果。直到无法向右滑动时再次将代表卷积核的天测

棋盘和代表人脸图像数据的天测棋盘的左上角对齐，将代表卷积核的天测棋盘向下滑动两行，重复以上过程，得到第三行的卷积结果。"

说罢，投影出来的两个天测棋盘按照要求又开始移动起来，卷积结果天测棋盘上不断填充着计算的结果。

第二行第一列：

$1×1+0×0+1×(-1)+0×0+1×1+1×0+1×(-1)+0×0+0×1=0$

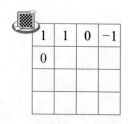

第二行第二列……

第二行第三列……

第二行第四列……

只见卷积操作过程不断重复，直到代表卷积核的天测棋盘与代表人脸图像数据的天测棋盘的右下角对齐为止，此时卷积操作结束，得到的卷积结果即卷积层的输出结果，全部填充到了卷积结果天测棋盘上。

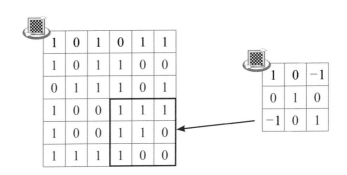

通臂猿猴见计算结果已经出来，讲解道："前面讲过，深度卷积神经网络中的卷积核对应传统 BP 神经网络中的权重，还记得吗？传统 BP 神经网络中除了权重还有偏置，深度卷积神经网络当然也有偏置，我们通常会在卷积层输出结果上加上一个偏置，而这偏置最初可以设为 0。随着不断地学习，深度卷积神经

网络会不断地进行后向计算，调整权重的同时也会调整偏置，从而保证在训练阶段结束后，深度卷积神经网络上的权重和偏置都是比较准确的。只有较为准确的权重和偏置才能保证每层卷积层得到较好的特征，从而最后得到较高的识别准确率。"

通臂猿猴又指着卷积结果天测棋盘说道："我们可以将这个卷积后的结果称为特征映射图（feature map）。其实，特征映射图就是特征。

在实际应用中，对于输入的图像，每层卷积层通常有多个卷积核，采用上述的卷积操作可以得到多幅不同的特征映射图。假设该卷积层设置了 32 个卷积核，则卷积结果会得到 32 幅特征映射图。"

最后，通臂猿猴停留片刻，留给悟小白一点思考的时间，过了一会儿才看了看他，问道："小白，卷积层的整个操作过程你都理解了吗？"

小白说道："嗯，我都理解了！通臂爷爷，那我们接下来怎么做？"

通臂猿猴释然地说道："太好了，既然你都理解了，我们就抽离出详细的卷积计算过程，把所有计算规则放入红色积木中。"

说完，通臂猿猴做出手势，设置程序将卷积计算规则输入红色积木中，只见红色积木还呈现出特殊的视觉效果，好看极了。

　　这时，通臂猿猴解释道："在深度卷积神经网络中，卷积层会多次出现，无论将卷积层放置在哪一层，只要红色积木接收到输入数据和卷积核，便会自动计算并输出卷积后的结果，即特征映射图，然后将其传入下一个积木。"

　　悟小白："这样经过处理可太方便了，人脸识别问题就像用不同的积木块搭积木一样。"

　　通臂猿猴："是的，深度卷积神经网络的结构本来就是基于几种基本功能模块，依据不同的目标，采用不同的方法搭建而成的。"

　　悟小白眨了眨眼睛，神秘一笑："通臂爷爷，那如果用复制器参照前面的方法复制这红色积木呢？"

　　通臂猿猴大笑："真是动脑筋的小白啊！不错，我们正是用这种方法得到多个输入了卷积操作的红色积木，大大增加了我们搭建积木塔的效率！"

　　2.黄色积木——激活函数

　　红色积木创建完成后，通臂猿猴道："小白，还记得前面神经元传递信息过程中，只有神经元被激活才能将信息继续向后传递吗？类似的，深度学习也定义了一系列方法模拟神经元的激活过程，这类函数称为激活函数。

激活函数决定保留哪一部分信息继续往下一层传递，同时丢弃另一部分信息，降低计算难度。其功能同样类似于筛子，和卷积核的区别在于激活函数是对特征进行进一步筛选，让重要的特征通过筛子传递到下一层而阻止不重要的特征通过。

深度卷积神经网络最常用的激活函数是修正线性单元 ReLU（rectified linear unit）。你别看它的名字深奥难懂，其实它的功能特别简单，它设定了一种激活标准，即如果输入数据为正值，则让该数据直接传入下一个积木，表示该数据被激活；若输入数据为负值，则将对应负值输出为 0，表示该数据没有被激活。

通常代表激活函数的积木是叠加在代表卷积层的积木后面的，因此，ReLU 激活函数让从红色积木输出的特征映射图中的正值特征被激活，继续向下一层传递，而丢弃特征映射图中的负值特征。这里将激活函数的计算规则输入红色积木。

以刚才通过卷积操作的红色积木得到的特征映射图为例，其经过激活函数后得到的结果如下。"

1	1	0	-1
0	1	3	1
-2	1	3	0
1	-1	-1	0

1	1	0	0
0	1	3	1
0	1	3	0
1	0	0	0

说完，通臂猿猴让小云盒将 ReLU 激活函数的功能输入黄色积木中，然后将黄色积木叠放到红色积木上，两种积木放在一起后，可以将其视为一个整体，也就是一个新的积木。

通臂猿猴指着叠放在一起的红黄积木道："像这样的话，前面红色积木输出的特征映射图就可以自动进入黄色积木中，然后在黄色积木中由激活函数进行筛选即可。

当然，你也可以像前面一样，采用复制器复制出多个红黄积木叠放在一起。

更加灵活的是，不同颜色的积木都可以采用这样的操作，按照一定的规则，自由搭建，视为一体。"

3. 蓝色如意积木——池化层

这时红黄积木飘浮在空中，由于积木晶莹剔透，里面的数值变换也清晰可见。

通臂猿猴道："机器学习将所有降低数据量的过程或方法称为数据降维。

在深度卷积神经网络里，数据降维就是池化操作，池化操作所在的层称为池化层。从本质上讲，池化层的作用是减少特征映射图的数据量。

对于人脸识别而言，池化层能够丢弃一些不重要的特征，如脸上大片平滑的皮肤区域，而保留一些有助于人脸识别的重要特征，如鼻子、眼睛、嘴巴的轮廓等。

池化层通常放在卷积层和激活函数后面。如果用蓝色积木表示池化层，那么蓝色积木通常紧接在红黄积木后面。

池化操作通常是将一堆数据降维成一个数据（数值）。如果直接对经过激活函数筛选的特征映射图整体进行池化操作，则一个特征映射图池化后变成了一个数据，但这些数据又代表了图像，因此这样会导致特征损失过大，也就是图像被去掉很多内容，而这些内容有可能是我们需要的。为了尽可能地降低数据量，同时又不让特征损失过多，我们将池化操作局限在一个小范围内，如 2 行 2 列。当然，还有同时对每幅特征映射图进行多次池化等方法。

常用的池化操作有平均池化和最大池化。

（1）平均池化即在池化区域内计算区域内数据的算术平均值，例如在 2 行 2 列的区域内，将这 4 个数据加在一起求和，再除以 4，从而得到这 4 个数据的算术平均值，作为池化后的结果。

以刚才经过卷积操作和激活函数得到的特征映射图为例，其经过平均池化操作得到的结果如下。

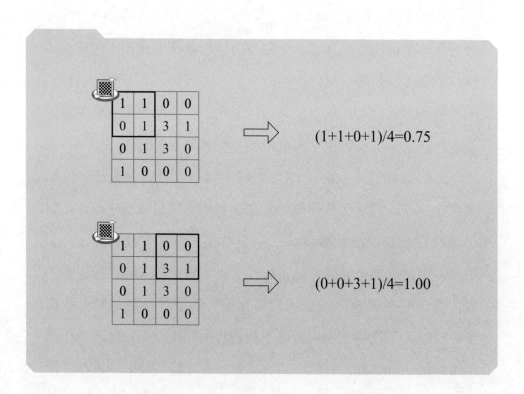

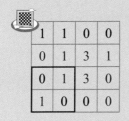

$$(0+1+1+0)/4=0.50$$

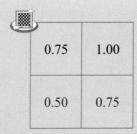

$$(3+0+0+0)/4=0.75$$

池化结果为：

<table>
<tr><td>0.75</td><td>1.00</td></tr>
<tr><td>0.50</td><td>0.75</td></tr>
</table>

（2）最大池化。与平均池化的操作类似，唯一不同的是最大池化每次在池化区域内不是计算区域内数据的算术平均值，而是选择池化区域内数据的最大值作为本次池化操作的结果。

以刚才得到的特征映射图为例，其经过最大池化操作得到的结果如下。"

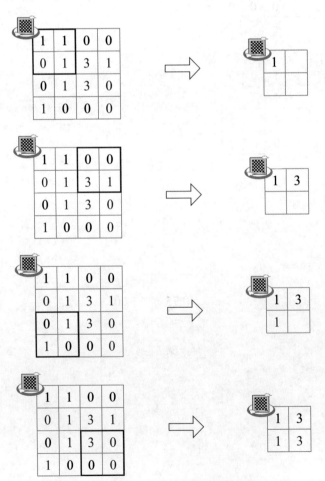

悟小白听完问道："这种池化操作对于减少数据量到底有什么作用呢？"

通臂猿猴笑道："比如输入一幅灰度图像，它的像素个数为 224×224=50176，需要较大尺寸的天测棋盘来存放。如果选定 2 行 2 列的池化区域，池化后数据量变成 112×112=12544。池化后的数据量是池化前的 1/4，数据量大大降低。

而从图像上看，池化后的数据保留了图像的主要特征，尽管丢失了一些图像的细节信息，但不影响我们对图像整体内容的判断，由此可见，池化层能够有效降低数据量，从而提高计算效率，这不就增强了积木塔的处理能力吗？"

悟小白："我明白了，原来池化操作既简单又好用！那如果选定 4 行 4 列的池化区域，则池化操作会将数据量降低为原来的 1/16。选择的池化区域越大，数据降维的能力越强，计算效率也就越高咯！"

通臂猿猴笑了笑："小白，你理解得很到位！不过，年轻人，不要心急！虽然池化区域越大，计算效率越高，但是，与此同时，

损失的特征也就越多，正应了一句古话，过犹不及！所以，我们大多数时候还是会选择 2 行 2 列的池化区域。"

讲解完后，通臂猿猴把池化操作规则输入蓝色积木中。

4. 绿色积木——全连接层

现在只剩下绿色积木了，通臂猿猴道："接下来绿色积木就用来处理全连接层吧。

如果说前面的卷积层、激活函数、池化层的作用等同于特征提取，那么全连接层的作用则类似于分类器。

前面的卷积层、激活函数和池化层提取了一幅图像中不同部分的局部特征。全连接层通常会被放置在深度卷积神经网络最后一层或几层，用于将局部特征进行组合，进一步提取特征，为最终识别做准备。"

悟小白问道："那如何通过全连接层进行识别呢？"

通臂猿猴拿出了唐小僧的照片，说道："我们就以这张唐小僧的照片为例吧。

　　如前所述，深度卷积神经网络的浅层提取事物的边缘信息，然后由深层将边缘信息进行组合，得到局部特征。

假设深度卷积神经网络已经通过卷积层、激活函数、池化层操作提取了唐小僧面貌的局部特征，其后面紧接着一层全连接层，该层有 n 个节点，表示可以提取 n 个特征值。那么，将局部特征输入全连接层，表示将局部特征"浓缩"成 n 个特征值。同时，全连接层相当于一种特殊的卷积层，所以，每个全连接层后通常会再连接一个 ReLU。

再假设输出层有 m 个节点，m 表示类别数。通常用第一个节点表示第一类，第二个节点表示第二类，……，以此类推。那么输出层的每个节点都会得到一个 $0 \sim 1$ 的数值。该数值表示输入图像属于该类别的概率，即可能性。其中数值最大的节点表示的类别就是最终识别类别。"

同样的，通臂猿猴将全连接层的功能输入绿色积木中。

5. 筑塔方法——构建深度卷积神经网络结构

通臂猿猴将搭建积木塔所需的几个主要功能模块讲解完后，红、黄、蓝、绿四种不同颜色的积木也就构建完成，接下来该筑塔了。

悟小白道："通臂爷爷，是不是把我们之前构建的那几种积木按照顺序连在一起就筑成积木塔了呢？"

通臂猿猴摸了摸胡子，说道："这样说既对也不对，按照输入层、卷积层、激活函数、池化层、全连接层、输出层的顺序的确可以搭建一个简单的深度卷积神经网络。

不过，为了完成复杂的图像识别任务，我们可以将卷积层、激活函数、池化层、全连接层视为构建积木塔的基石，遵照筑塔规则，对这几个基础部分进行组合，从而形成不同的积木塔结构，这也代表了不同的深度卷积神经网络结构。"

"那这积木塔可谓是变化多端啊！"悟小白一脸兴奋。

通臂猿猴："是的，根据目前的情况，我们可以按照下面这种网络结构来筑塔，小云盒把筑塔公式投影出来吧。"

只见空中投射出筑塔公式：

输入层→（卷积层→激活函数→卷积层→激活函数→池化层）×5→（全连接层 → 激活函数）×3→ 输出层

211

通臂猿猴解释道:"小白,你看,筑塔的顺序仍然是输入层、卷积层、激活函数、池化层、全连接层、输出层。

需要注意的是,'×5'的意思是'(卷积层 →…→ 池化层)'部分需要重复5次,也就是将积木按照红色、黄色、红色、黄色、蓝色的顺序拼接在一起,再用复制器复制上述积木4次,这样我们就得到了5个拼接后的红黄蓝积木。

'×3'的意思是将'(全连接层 → 激活函数)'部分重复3次,也就是用复制器复制按照绿色、黄色顺序排列的积木2次,得到3个拼接好的绿黄积木。"

悟小白问道:"看起来好高深,这个筑塔方法是谁设计的呢?"

通臂猿猴道:"这个筑塔方法可是大有来头,它是经典的深度卷积神经网络模型,由牛津大学的视觉几何组和谷歌 DeepMind 的研究员一起设计开发而来,名叫 VGG-13 网络。VGG 来自它的设计者之一牛津大学视觉几何组(visual geometry group)英文名称首字母的大写缩写。13 表示该网络一共有 13 层,在计算深度卷积神经网络层数时，我们通常只关注卷积层和全连接层的个数，这个网络由 10 个卷积层和 3 个全连接层构成。当然，VGG 网络家族还有 VGG-11、VGG-16 和 VGG-19，由类推可以知道，它们分别是 11 层、16 层和 19 层的 VGG 网络。

这种深度卷积神经网络模型在 2014 年人类最权威、代表计算机视觉领域最高水平的 ILSVRC 竞赛（ImageNet 大规模视觉识别竞赛，即 ImageNet Large Scale Visual Recognition Challenge）的分类项目中取得了第二名的成绩。而这个竞赛采用的数据集 ImageNet 是由斯坦福大学李飞飞教授在 2009 年主导发起的，该数据集包含了超过 1400 万张的图像，可用于图像分类、目标定位和检测、场景分类等机器学习任务，因此 VGG 网络的功能可是很强大的哟。

顺便说一句，李飞飞教授求学时在四川成都生活了很多年，想必她当年也来过峨眉山很多次吧。"

听到这里，悟小白一脸崇拜的模样。

这时，小云盒开始介绍积木塔运转的基本过程："在训练阶段，当图像数据输入积木塔中后，数据就会按照筑塔各部分的顺序依次通过积木塔的各层，并执行相应的功能，该过程称为前向计算。

当通过卷积层（红色积木）时，执行卷积操作，并将卷积结果往后传递；

当通过激活函数（黄色积木）时，执行激活操作，并将激活结果往后传递；

⋯⋯⋯⋯⋯

当通过池化层（蓝色积木）时，执行池化操作，并将池化结果往后传递；

当通过全连接层（绿色积木）时，执行全连接操作，并将结果继续往后传递，直到最后输出识别结果。

然后将输出结果和标签数据进行对比，计算两者之间的误差，根据误差从后往前调整每层的权重和偏置，其过程类似于传统 BP 神经网络的后向计算过程。

　　通过反复交替的前向计算和后向计算，当达到一定次数或者预先设定的误差的时候，训练过程停止，这个时候，我们认为，深度卷积神经网络已经学习到了合适的权重和偏置，也称为该深度卷积神经网络模型训练完毕。

　　输出层的神经元数目跟识别的类别数量相同，即有多少幅不同的人脸图像，输出层就有多少个神经元节点。最终输出层每

215

个节点输出一个 $0 \sim 1$ 的数值，其数值表示输入图像属于唐小僧的概率（可能性）。如果把游客的位置编号和输出层节点编号一一对应，即 1 号游客对应第一个节点，2 号游客对应第二个节点，……，那么概率最大的输出层节点编号所对应的图像类别即为输入图像的识别类别。

深度卷积神经网络一旦训练完毕，就可以进入测试阶段。在测试阶段，只需要输入唐小僧的脸部图像，依次经过各个积木进行前向计算，直到输出层输出结果，则输出层数值最大（即可能性最大）的节点对应的游客即是唐小僧，如输出层第 n 个节点输出数值最大，则认为真唐小僧即为编号 n 的游客，而其他游客均为假唐小僧。这样，我们就可以在众多游客中找到唐小僧师傅。"

捉住唐小僧

小云盒讲解完后，通臂猿猴利用复制器复制出了很多不同颜色积木的组合，再按照 VGG 网络结构进行筑塔，将一块块积木布置在了不同的位置，积木塔慢慢成形。

　　通臂猿猴又让小云盒对积木塔中各个积木的参数进行了初始设定，然后对悟小白说道："积木塔的基本结构已经出来了，在实际运用中，我们还可以继续搭建更为宏伟、拥有更多积木的积木塔，但是深度卷积神经网络的计算需要强大的计算能力，我们现在通过小云盒将你的大脑与积木塔连接起来，利用你那强大的计算能力，读取积木塔中的数据，进行人脸识别的处理。"

　　说完，只见无人机采集的游客照片开始闪现着输入到积木塔中，悟小白闭上双眼，发挥强大的大脑计算能力，不断进行前向计算和后向计算，调整各项参数。

　　不久，悟小白就完成了深度卷积神经网络的训练阶段。

　　待训练阶段完成后，悟小白读取了唐小僧的脸部图像，大脑再次进行飞快的运算。突然，他双眼一睁，炯炯有神，脱口而出："师傅找到了。"

　　通臂猿猴和幻方子顺着悟小白指的方向看去，果然一个游客动了动身子，并且满意地朝他们微笑着，此人不正是唐小僧师傅吗？

　　通臂猿猴说道："小白，看来我们又成功了，不过这次学习的深度卷积神经网络比较复杂，因此很多工作都是在小云盒的帮忙下完成的，等你能力得到进一步提升后，这些工作你也会得心应手地完成的。"

　　悟小白点头道："我明白了，虽然这次解决了问题，但我也认识到学习人工智能的艰辛，我一定会坚持下去的。"

　　通臂猿猴满意地笑道："难得你能够认识到这点，那我们赶快过去吧，想必唐小僧也等久了。"

成功拜师

　　说罢，通臂猿猴等人朝唐小僧走去。见到唐小僧，通臂猿猴便大笑地拍了拍他："唐师傅，要找你这一路可真是不容易啊，该不是你有意的吧？"

　　唐小僧也爽朗地笑道："既是有意，也是无意，谁叫你们本领高强，能够走到这一步呢？你们肯定是有意的吧。"

　　"哈哈！"通臂猿猴听了这回答更加高兴了，"看来，你都知道我们的来意了啊，没问题吧？"边说边把悟小白往唐小僧的面前推了推。

　　悟小白这时虽然有点不好意思，却仍然很镇定，他恭敬地向唐小僧鞠了一躬道："我慕名唐小僧师傅很久了，希望能够拜您为师，请您成全。"

　　这时，唐小僧面带微笑地转向悟小白："这一路上我布置了重重关卡，其实都是想寻找有缘且有能力的人共同探索大千世界的奥妙。

　　小白，这一路你的付出我已有所了解，你的确很有潜质，在这人工智能的时代，我也有心帮你将一身本领发挥得淋漓尽致，为人类造福，所以我愿意成为你的老师。"

　　悟小白一听，兴奋得都呆住了，通臂猿猴赶快拍了一下他的后背："还不拜师啊？"

　　悟小白这才反应过来，正准备跪下，唐小僧忙把他拦住："都人工智能时代了，这些虚礼就不用了，我心领了，我虽然是你的老师，但更重要的是我们能够亦师亦友，共同探索人工智能领域的奥妙。"

悟小白用力地朝唐小僧点了点头。

拜师成功后，通臂猿猴心中舒坦，看了看周围道："我就说唐师傅为了招一个好徒弟煞费苦心，也真是让我们费了不少气力。"

唐小僧笑道："要不你也装着一动不动站几个小时，试试看呢？"

众人一起大笑起来，笑声在深夜的峨眉金顶上，悠悠传荡。